조주 기능사 실기

이영순 · 허세은 · 김경진 · 정은숙 · 김선희 공저

일진사

이영순

경남대학교 식품생명공학과 석 · 박사/경기대학교 식공간연출전공 석사
산업인력관리공단 조리기능사 실기 시험 감독위원
한국발효음식협회 이사장
창원지방법원 조정위원
전) 창신대학교 호텔조리제빵학과 겸임교수

허세은

롯데백화점 마산점 문화센터 요리담당 강사
창원시 초 · 중 · 고등학교 체험학습 요리강사
경남대학교 국제교육원 한국 요리강사
전) 농업기술센터 요리강사
전) 홈플러스 요리강사

김경진

경남대학교 가정교육과 졸업
롯데백화점 요리강사
신세계아카데미 요리강사
농업기술센터 요리강사
전) 동양매직요리학원 원장

정은숙

경주대학교 관광대학원 박사과정 중
창원대학교 교육학 석사
창원한국요리학원 원장
창신대학교 식품영양학과 겸임교수
전) 마산대학교 식품과학부 교수

김선희

조리기능장
호텔인터내셔널 조리실장
한국기술자격검정원 조리기능사 실기 감독위원
2015 아시아 명장 요리대회 최우수상 수상
전) 마산대학교 평생교육원 강사

머리말

한 잔의 커피나 차를 마실 때에도 각자의 취향을 존중하고 개성을 돋보이게 한다. 취하기 위해 술을 마시기보다 함께 어울리며 분위기를 즐기기 위해 술을 마시는 건전한 음주문화가 확산되고 있다. 이러한 음주문화의 변화는 독특한 맛, 아름다운 색, 특별한 향을 느끼며 개인의 개성과 취향을 맞출 수 있는 칵테일에 대한 관심을 불러일으키게 되었다.

현재 식음료문화는 높은 도수의 알코올음료보다 낮은 도수를 선호하고, 여성의 음주가 증가하며 혼자 술을 즐기는 '혼술족'이라는 단어가 생기는 등 다양화·다변화되고 있다. 이에 따라 많은 사람들이 음료 전문지식에 대해 관심을 가지고 더불어 조주기능사에 대한 관심도 높아지게 되었다.

이 책은 조주기능사 실기 시험을 준비하는 수험생이나 칵테일에 관심이 있는 분들에게 도움을 주기 위해 다음과 같은 특징으로 구성하였다.

첫째, 칵테일 조주법, 조주 기구 및 글라스, 부재료에 대한 내용과 함께 칵테일의 베이스가 되는 술과 우리 전통주에 대한 내용을 수록하였다.

둘째, 국가자격시험 출제 기준에 따라 2014년부터 변경된 내용을 포함하여 조주기능사 실기 공개 과제인 40가지 작품에 대한 조주 방법을 수록하였다.

셋째, 베이스별, 기법별, 가니시별로 나누어 한눈에 알아보기 쉽게 분류하였다.

넷째, 수험생들이 자주 실수하는 부분을 유의사항으로 다루고, 사진을 통하여 보다 쉽게 조주 과정을 습득할 수 있도록 하였다.

이 책으로 공부하신 여러분 모두에게 합격의 영광이 있기를 바라며, 사진 촬영에 애써주신 장윤주 선생님과 본 책을 출판하는 데 관심과 배려를 아끼지 않고 도움을 주신 도서출판 일진사 임직원 여러분께 감사의 마음을 전한다.

저자 일동

출제 기준(실기)

직무 분야	음식 서비스	중직무 분야	조리	자격 종목	조주기능사	적용 기간	2015.1.1.～2019.12.31.

직무 내용 : 주류, 비주류, 다류 등 음료 전반에 대한 재료 및 제법의 지식을 바탕으로 칵테일을 조주하고 호텔과 외식업체의 주장 관리, 고객 관리, 고객 서비스, 경영 관리, 케이터링 등의 업무를 수행하는 직무

수행 준거 : 1. 숙련된 조주기법으로 칵테일에 필요한 알맞은 재료 및 도구를 선정할 수 있다.
2. 칵테일 제조에 필요한 레시피를 정확하게 숙지하여 칵테일을 만들 수 있다.
3. 칵테일을 만드는 기구를 정확하게 사용할 수 있다.
4. 고객에 대하여 최상의 서비스를 제공할 수 있다.
5. 개인위생 및 주장위생을 위생적으로 관리할 수 있다.

실기 검정 방법	작업형	시험 시간	7분 정도

실기 과목명	주요 항목	세부 항목	세세 항목
칵테일 조주	1. 위생 관리	1. 바(bar) 청결 유지 · 관리하기	1. 바(bar)의 청결을 조직적으로 수행하기 위해서 일정별 홀, 바의 청결, 정리정돈을 할 수 있다. 2. 바(bar)의 청결유지를 위해서 영업종료 시 정리정돈, 청결상태를 확인할 수 있다.
		2. 바(bar) 기물위생 관리하기	1. 음료의 위생적 보관을 위해서 음료 진열장의 청결을 유지할 수 있다. 2. 기물, 기구의 위생 관리를 위해서 언더 바, 수납공간을 정리정돈할 수 있다.
		3. 개인위생 관리하기	1. 근무하기 전에 청결한 복장을 유지할 수 있다. 2. 이물질에 의한 오염을 막기 위해서 음료를 만들 때 손을 항상 청결하게 유지할 수 있다.
	2. 음료 특성 분석	1. 음료 분류하기	1. 알코올성, 비알코올성 음료를 분류할 수 있다. 2. 양조방법에 따라 음료를 분류할 수 있다. 3. 청량음료, 영양음료, 기호음료를 분류할 수 있다. 4. 주세법에 따른 음료를 분류할 수 있다.
		2. 음료 특성 파악하기	1. 다양한 발효주의 테이스팅을 통해 음료 특성을 설명할 수 있다. 2. 다양한 증류주의 테이스팅을 통해 음료 특성을 설명할 수 있다. 3. 다양한 혼성주의 테이스팅을 통해 음료 특성을 설명할 수 있다. 4. 테이스팅을 통해 청량음료, 영양음료, 기호음료의 특성을 설명할 수 있다.
		3. 음료 활용하기	1. 비알코올성 음료를 이용해서 칵테일 조주에 활용할 수 있다. 2. 알코올성 음료를 이용해서 칵테일 조주에 활용할 수 있다.

실기 과목명	주요 항목	세부 항목	세세 항목
			3. 다양한 재료를 이용해서 칵테일 조주에 활용할 수 있다.
	3. 칵테일 조주	1. 칵테일 특성 파악하기	1. 고객에게 서비스를 제공하기 위해서 칵테일의 역사 및 유래를 설명할 수 있다. 2. 칵테일 조주를 위해서 칵테일 기구의 사용 방법을 습득할 수 있다. 3. 칵테일 분류를 통해서 칵테일 기본지식을 습득할 수 있다.
		2. 칵테일 기법 수행하기	1. 셰이킹(shaking) 기법을 수행할 수 있다. 2. 빌딩(building) 기법을 수행할 수 있다. 3. 스터링(stirring) 기법을 수행할 수 있다. 4. 플로팅(floating) 기법을 수행할 수 있다. 5. 블렌딩(blending) 기법을 수행할 수 있다. 6. 머들링(muddling) 기법을 수행할 수 있다.
		3. 칵테일 조주하기	1. 동일한 맛을 유지하기 위해서 표준 레시피를 조주할 수 있다. 2. 다양한 칵테일을 제공하기 위해서 조주 방법에 대한 장단점을 비교할 수 있다. 3. 고객 서비스 만족을 위해서 신속 정확하게 조주할 수 있다.
		4. 칵테일 관능 평가하기	1. 칵테일의 색을 통해서 외양을 평가할 수 있다. 2. 칵테일의 향을 통해서 특성을 평가할 수 있다. 3. 칵테일의 맛을 통해서 재료의 밸런스를 평가할 수 있다. 4. 전체적인 조화를 통해서 칵테일의 완성도를 평가할 수 있다.
	4. 고객 서비스	1. 고객 응대하기	1. 고객을 영접할 수 있다. 2. 고객의 요구사항을 신속하게 처리할 수 있다. 3. 고객을 환송할 수 있다.
		2. 주문 서비스하기	1. 고객의 만족을 위해 메뉴를 설명할 수 있다. 2. 신속하고 정확한 서비스를 수행할 수 있다. 3. 계절 및 시간, 상황에 맞는 서비스를 수행할 수 있다.
	5. 바(bar) 관리	1. 바(bar) 기구 · 글라스 관리하기	1. 바(bar)에서 사용되는 기구 · 글라스 등을 효과적으로 유지 · 보관 · 관리할 수 있다. 2. 칵테일 조주 시 사용되는 기구 · 글라스를 품목별로 진열 보관하여 신속한 조주를 수행할 수 있다. 3. 바(bar) 운영에 필요한 적정 수량의 기구를 확보할 수 있다.
		2. 음료 관리하기	1. 원가 관리 및 효율적인 재고 관리를 위해 인벤토리를 작성할 수 있다. 2. 파 스톡(par stock)에 의한 음료를 구매할 수 있다. 3. 음료의 선입선출(FIFO) 관리를 수행할 수 있다. 4. 음료의 특성에 맞는 적정 온도를 유지할 수 있다.

조주기능사 실기 공개 과제

위스키 베이스

올드 패션드
Old Fashioned

러스티 네일
Rusty Nail

맨해튼
Manhattan

위스키 사워
Whiskey Sour

럼 베이스

뉴욕
New York

쿠바 리브레
Cuba Libre

마이 타이
Mai - Tai

블루 하와이안
Blue Hawaiian

진 베이스

피냐 콜라다
Pina Colada

바카디
Bacardi

다이키리
Daiquiri

네그로니
Negroni

진 베이스

드라이 마티니
Dry Martini

싱가포르 슬링
Singapore Sling

화이트와인

키르
Kir

테킬라 베이스

테킬라 선라이즈
Tequila Sunrise

보드카 베이스

마르가리타
Margarita

블랙 러시안
Black Russian

모스코 뮬
Moscow Mule

블러디 메리
Bloody Mary

시브리즈
Seabreeze

롱 아일랜드 아이스티
Long Island Iced Tea

하비 월뱅어
Harvey Wallbanger

애플 마티니
Apple Martini

조주기능사 실기 공개 과제

키스 오브 파이어
Kiss of Fire

코스모폴리탄
Cosmopolitan

허니문
Honeymoon

사이드카
Sidecar

리큐어 베이스

브랜디 알렉산더
Brandy Alexander

푸스 카페
Pousse Cafe

애프리코트
Apricot

슬로 진 피즈
Sloe Gin Fizz

우리 술 베이스

준 벅
June Bug

그래스호퍼
Grasshopper

B-52

고창
Gochang

금산
Geumsan

진도
Jindo

풋사랑
Puppy Love

힐링
Healing

차 례

조주기능사 실기(이론)

조주기능사 출제 과제

위스키 베이스

럼 베이스

진 베이스

화이트와인

테킬라 베이스

1. 개요

조주에 관한 숙련기능을 가지고 조주 작업과 관련된 업무를 수행할 수 있는 전문 인력을 양성하기 위해 자격제도를 제정하였다.

2. 수행 직무

주류, 음료류, 다류 등에 대한 자료 및 제법의 지식을 바탕으로 칵테일을 조주하고 호텔과 외식업체의 주장 관리, 고객 관리, 고객 서비스, 경영 관리, 케이터링 등의 업무를 수행한다.

3. 훈련 기관

전문계 고교 관광계열, 조리계열 및 대학의 호텔관광경영학과, 호텔외식조리 관련학과, 조주기능사 관련 직업훈련 교육기관

4. 진로 및 전망

1 주류, 음료류, 다류 등을 서비스하는 칵테일바, 와인바, 호텔, 레스토랑 등의 외식업체에서 바텐더, 소믈리에, 바리스타 등으로 근무하며 해외 업체 취업이 가능하다.

2 주류, 음료류, 다류 등에 관한 많은 지식을 가지고 고객과 원만하고 폭넓은 대화를 나눌 수 있는 소양을 갖추어야 하며, 외국인을 대할 기회가 많으므로 간단한 외국어 회화 능력을 갖추는 것이 유리하다.

② 조주기능사 실기 시험 안내

1. 시행처

한국산업인력공단

2. 시험 과목

필기 : 1. 양주학 개론 2. 주장관리 개론 3. 기초영어   **실기** : 칵테일 조주 작업

3. 검정 방법

필기 : 객관식 4지 택일형, 60문항(60분)　　　　**실기** : 작업형(7분 내외)

4. 합격 기준

100점 만점에 60점 이상

5. 시험 면제 사항

필기 시험에 합격한 자는 당해 실기 시험 발표일로부터 2년간 필기 시험을 면제받을 수 있다.

1 고용노동부장관이 인정하는 기능경기대회에서 3위 이상 입상한 자 및 기능장려법에 의하여 명장으로 선정된 자에 대해 산업기사 및 기능사 검정의 전부 또는 실기 시험을 면제받을 수 있다.

2 실업계 고등학교나 1년 이상의 직업훈련과정 또는 1,400시간 이상 직업훈련을 실시하는 노동부장관이 고시하는 기관에서 관련 교육을 받은 자는 졸업일로부터 2년 이내에 필기 시험을 면제받을 수 있다.

6. 수험자 유의 사항

1 시험시간 전 2분 이내에 재료의 위치를 파악한다.

2 감독위원이 요구한 3가지 작품을 7분 내에 완료하여 제출한다.

3 검정장시설과 지급재료 이외의 도구 및 재료를 사용할 수 없다. (지정된 수험자 지참 준비물 이외의 도구나 재료를 시험장 내에 지참할 수 없다.)

4 시설이 파손되지 않도록 주의하며, 실기 시험이 끝난 수험자는 본인이 사용한 기물을 3분 이내에 세척·정리하여 원위치에 놓고 퇴장한다.

5 시험시간 내에 제출된 과제라도 다음과 같은 경우에는 채점대상에서 제외한다.

- **오작**　　① 3가지 과제 중 2가지 이상의 주재료(주류) 선택이 잘못된 경우
　　　　　　② 3가지 과제 중 2가지 이상의 조주법(기법) 선택이 잘못된 경우
　　　　　　③ 3가지 과제 중 2가지 이상의 글라스 사용 선택이 잘못된 경우
　　　　　　④ 3가지 과제 중 2가지 이상의 장식 선택이 잘못된 경우
　　　　　　⑤ 1과제 내에 재료(주·부재료) 선택이 2가지 이상 잘못된 경우
　　　　　　⑥ 해당 과제의 지급 재료 이외의 재료를 사용한 경우

- **미완성**　　요구된 과제 3가지 중 1가지라도 제출하지 못한 경우

7. 기타 유의 사항

1 시험 중 시설·장비 사용 시 감독위원 및 타수험자의 시험 진행에 위협이 될 것으로 감독위원 전원이 합의하여 판단한 경우에는 실격 처리한다.

2 지급 재료는 시험 전 확인하여 이상이 있을 경우 감독위원으로부터 조치를 받고 시험 중에는 재료의 교환 및 추가지급을 하지 않는다.

조주기능사
실기(이론)

- 기본 도구와 글라스
- 기본 조주법
- 주재료의 종류

① 기본 도구와 글라스

1. 기본 도구

1 바스푼(Bar Spoon)

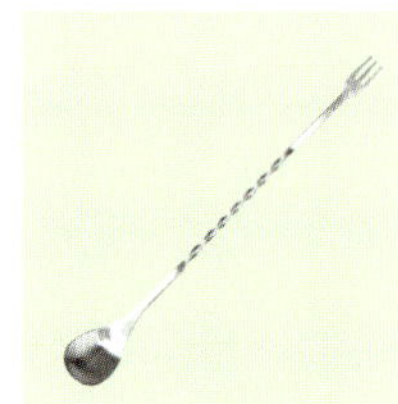

믹싱 글라스에 넣은 내용물을 저을 때 사용하는 도구로, 손잡이 부분이 나선형으로 되어 있어 미끄러지지 않고 음료를 저을 때 편리하게 사용할 수 있다. 바스푼의 용량은 1/8온스이다.

2 스트레이너(Strainer)

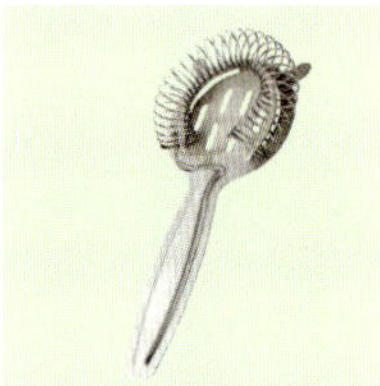

원형 철판에 동그랗게 용수철이 달려 있으며, 믹싱 글라스의 얼음을 거를 때 용수철 부분이 믹싱 글라스 안쪽으로 들어가도록 끼워서 사용한다. 칵테일의 이물질을 제거하기 위해 사용하는 거름망 형태의 스트레이너도 있다.

3 셰이커(Shaker)

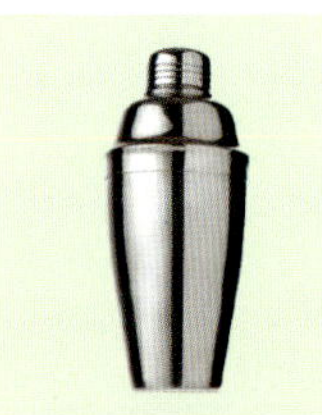

얼음과 각종 재료를 넣어 흔들 때 사용하는 도구이다. 얼음과 각종 재료를 담는 보디(Body), 얼음을 거를 수 있도록 조그만 구멍이 여러 개 뚫려 있는 스트레이너(Strainer), 뚜껑인 캡(Cap)으로 구성되어 있다.

4 지거(Gigger)

메저 컵(Measure Cup)이라고도 하며, 각종 재료의 분량을 재는 장구 모양으로 생긴 계량컵이다. 작은 쪽은 1온스(30 mL), 큰 쪽은 1.5온스(45 mL)이며 작은 쪽 1온스를 1pony(포니)라 한다.

5 전기 블렌더(Electric Blender)

기계의 힘으로 내용물을 혼합할 때 사용하는 도구이다. 과일, 꿀 등과 같이 점성이 있어 잘 섞이지 않는 재료를 블렌더 보디에 먼저 넣고 부순 얼음은 나중에 넣어야 잘 갈아진다.

6 스퀴저(Squeezer)

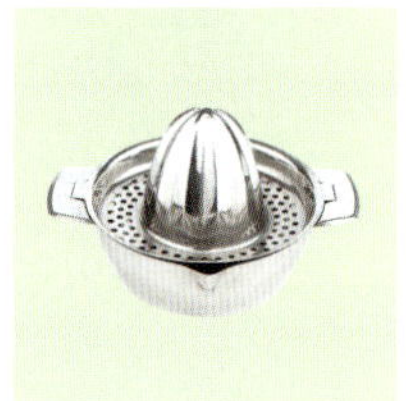

레몬즙이나 오렌지즙을 낼 때 사용한다. 반으로 자른 과일을 돌출되어 있는 가운데 부분에 꽂고 좌우로 돌리면 과즙이 나온다.

7 아이스 스쿱(Ice Scoop)

얼음을 담을 때 사용하며 주로 제빙기 얼음을 떠낼 때 사용한다. 얼음삽이라고
도 한다.

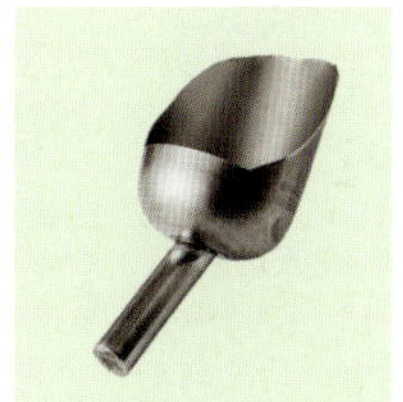

8 아이스픽(Icepick)

큰 블랙아이스나 덩어리 얼음을 깰 때 사용하는 얼음송곳이다. 요즘은 아이스
크러셔(Ice Crusher)를 사용한다.

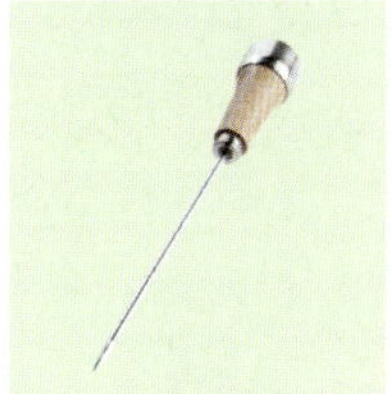

9 아이스 크러셔(Ice Crusher)

얼음을 잘게 부수거나 갈아주는 도구이다. 각얼음을 분쇄할 때 사용한다.

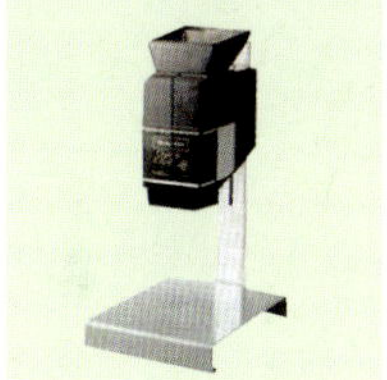

10 아이스 텅(Ice Tong)

얼음을 집을 때 사용하는 도구로, 얼음 집게라고도 한다.

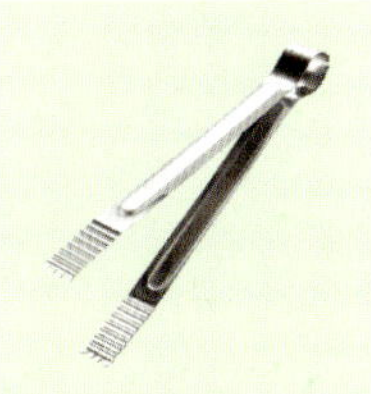

11 코르크스크루(Corkscrew)

와인의 코르크를 뽑기 위한 도구이다. 끝에 나선 모양의 쇠붙이가 달려 있는 것
과 찔러 넣은 후 압축공기를 불어 넣도록 되어 있는 것이 있다.

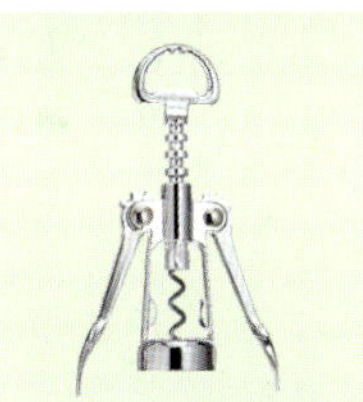

12 아이스 페일(Ice Pail)

위스키 등과 얼음이 함께 제공될 때 얼음을 담는 얼음통이다.

13 칵테일 픽(Cocktail Pick)

장식으로 사용하는 체리, 올리브 등을 꽂는 핀이다. 검처럼 생겼다 하여 스워드
픽이라고도 하고 장식할 때 사용한다 하여 가니시 픽이라고도 한다. 여러 종류
의 재료가 있지만 플라스틱이 가장 무난하며 일회용이다.

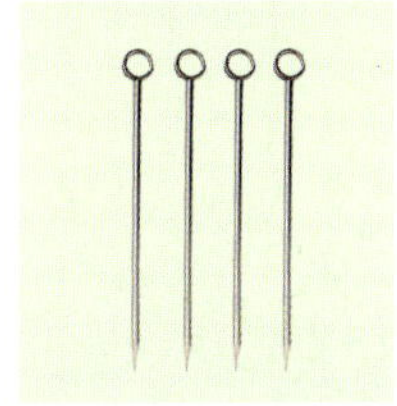

2. 글라스(Glass)

1 칵테일에 사용되는 글라스

여성의 곡선미를 형상화한 것이 많다. 맛있고 화려한 칵테일이라도 어울리지 않는 용기에 담아낸다면 맛이 없게 느껴지기 때문에 글라스는 술의 의상과 같다고 할 수 있다.

2 글라스의 명칭

① 림(Rim) : 가장자리 부분

② 보울(Boul) : 몸체

③ 스템(Stem) : 손잡이 부분의 기둥

④ 풋 또는 베이스(Foot or Base) : 받침

3 글라스의 손질

중성세제로 소독 · 세척한다. 따뜻한 물로 헹군 다음 흐르는 물로 헹구고, 수건 위에 엎어서 물기를 제거한다. 물기를 제거한 글라스를 마른 수건으로 닦아 윤기를 낸다.

4 글라스의 보관

① 엎어서 보관한다.

② 열이나 직사광선을 피하고 파손에 주의한다.

③ 유리 제품이므로 포개어 놓지 않는다.

5 글라스의 종류

① 올드 패션드 글라스(Old-fashioned Glass)

원통형 글라스로, 글라스에 각얼음을 넣고 위스키를 마실 때 많이 사용한다. 온더락 글라스(On The Rocks Glass)라고도 한다. 6온스 글라스, 8온스 글라스, 10온스 글라스가 있다.

② 콜린스 글라스(Collins Glass)

밑면과 윗면의 폭이 똑같은 일자형 글라스로, 롱 드링크를 마실 때 많이 사용한다. 8온스 글라스, 10온스 글라스, 12온스 글라스가 있다.

③ 위스키 글라스(Whisky Glass)

알코올 도수가 높은 술을 제공할 때, 스트레이트를 마실 때 사용한다. 샷 글라스(Shot Glass)라고도 한다. 1온스 글라스, 1.5온스 글라스, 더블용 글라스가 있다.

④ 하이볼 글라스(High Ball Glass)

하이볼을 제공할 때, 청량음료를 마실 때 사용한다. 6~10온스 글라스가 있으며 8온스 글라스를 많이 사용한다.

⑤ 필스너 글라스(Pilsner Glass)

다른 글라스와 달리 맥주를 따를 때 거품이 적당하게 일어날 수 있도록 하며 맥주의 탄산이 조금이라도 늦게 날아가도록 만들어져 있다.

⑥ 사워 글라스(Sour Glass)

신맛인 음료를 제공할 때 사용하며 위스키 사워. 브랜디 사워를 만들 때 많이 사용한다.5~6온스 글라스가 있다.

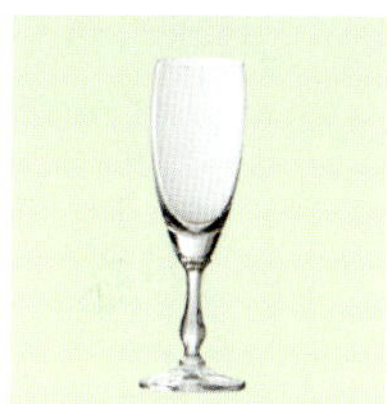

⑦ 리큐어 글라스(Liqueur Glass)

리큐어 전용 글라스이며 푸스 카페 전용이기도 하다. 띄우기 기법(플로트)을 이용하는 칵테일을 만들 때 사용한다.

⑧ 칵테일 글라스(Cocktail Glass)

칵테일을 담는 글라스로, 2온스 글라스, 3온스 글라스, 4온스 글라스가 있다. 2온스 글라스는 스트레이트 더블용으로 사용하며, 4온스 글라스는 용량이 3온스 이상인 칵테일을 제공할 때 사용한다.

⑨ 와인 글라스(Wine Glass)

포도주를 제공하는 글라스로, 와인의 종류에 따라 크기가 다르며, 스템이 길고 안쪽 볼의 끝이 넓다. 레드와인 글라스가 화이트와인 글라스에 비해 용량이 크다.

⑩ 샴페인 글라스(Champagne Glass)

발포성 와인인 샴페인을 마실 때 사용한다. 윗부분이 넓고 둥근 소서형은 축하주나 건배용으로 사용하며, 튤립형은 샴페인의 부드럽고 힘찬 기포를 천천히 즐길 수 있도록 향기가 나가지 못하게 입구가 오므려 있고 길쭉한 모양이다. 소서형은 4온스 글라스를, 튤립형은 5~6온스 글라스를 사용한다.

⑪ 브랜디 글라스(Brandy Glass)

튤립형의 대형 글라스로, 브랜디를 스트레이트로 마실 때 사용한다. 8온스 글
라스를 많이 사용한다.

⑫ 고블릿 글라스(Goblet Glass)

용량이 크고 튤립 모양이며 8~12온스 글라스로 종류가 다양하다. 레스토랑
에서 고객에게 물을 제공할 때 많이 사용한다.

⑬ 셰리 글라스(Sherry Glass)

와인 글라스와 리큐어 글라스의 중간 크기이다. 셰리 와인을 마실 때 사용하
며 3온스 글라스가 있다.

② 기본 조주법

1. 기본 조주법의 종류

1 빌드(Build)

칵테일 조주 시 가장 쉬운 방법으로, 글라스에 바로 조주하는 방법이다.

2 빌드(Buil) & 플로트(Float)

내용물을 바로 넣어서 쌓은 다음 바스푼으로 내용물을 위에 띄워주는 방법이다.

3 셰이크(Shake)

잘 섞이지 않는 재료(달걀, 유제품, 꿀)를 잘 섞이도록 흔드는 동시에 내용물을 차갑게 하는 방법이다.

4 셰이크(Shake) & 빌드(Build)

셰이킹한 다음 탄산수를 빌드하는 방법이다.

5 스터(Stir)

믹싱 글라스 또는 셰이크에 얼음과 재료를 넣은 다음 바스푼으로 저어서 만드는 방법이다. 마티니
(Martini), 맨해튼(Manhattan) 등을 만들 때 이용한다.

6 스터(Stir) & 빌드(Build)

스터한 후 마지막에 음료를 부어주는 방법으로 고창 칵테일을 만들 때 이용한다.

7 블렌드(Blend)

재료와 얼음을 블렌더에 함께 넣고 갈아서 만드는 방법이다. 크러시드 아이스(crushed ice)를 사용하는 것이 시간적으로 효과적이며 얼음의 양 조절을 잘하는 것이 중요하다.

8 플로트(Float)

술의 비중(무게, 밀도)이 다른 점을 이용하여 층을 쌓는 방법으로, B-52 등을 만들 때 이용한다.

9 리밍(Rimming) 또는 스노(Snow) 스타일

글라스 주위에 설탕이나 소금을 묻히는 방법으로, 마르가리타(Margarita), 키스 오브 파이어(Kiss of Fire) 등을 만들 때 이용한다.

10 머들링(Muddling)

허브나 생과일의 맛과 향이 더욱 강해지도록 으깨는 방법으로, 모히또(Mojito), 까이삐리냐(Caipirñha) 등을 만들 때 이용한다.

2. 지거 계량 방법

1 ounce(온스, oz)

온스는 영국의 계량법으로, 칵테일을 만들 때 이용하는 기본 단위이다. 1온스는 30 mL이며 1.5온스가 기본이다.

1 oz ≒ 30 mL

2 tea spoon(티스푼, tsp)

설탕이나 레몬주스의 적은 양을 잴 때 이용하는 단위이며 1티스푼은 1/8온스이다.

1 tsp = 1/8 oz ≒ 3.7 mL

3 dash(대시, d)

식초와 같이 액체로 된 향신료를 쓸 때 이용하는 양의 단위이다. 일반적으로 용기를 거꾸로 들고 가볍게 한번 툭 쳐서 뿌려지는 대여섯 방울을 1대시라 한다.

1 dash = 5~6 drops = 1/6 tsp = 1/32 oz ≒ 0.9 mL

4 pinch(핀치)

후추와 같이 분말로 된 향신료를 한 번 뿌려 주는 것을 말한다.

5 jigger(지거, jgr)

베이스의 기준 용량을 표시하는 단위이며 1.5온스는 45 mL이다.

1.5 oz ≒ 45 mL

3. 조주 시 도구를 잡는 방법

1 지거를 잡는 방법

① 가장 기본적인 방법

엄지와 검지로 지거의 허리 부분을 잡고 나머지 손가락을 접어 아랫부분을 잡는 방법으로, 시험장에서 감독위원들이 선호하는 방법이다.

② 능숙한 바텐더들이 주로 잡는 방법

검지와 중지 사이에 지거를 끼워서 잡는 방법이다.

2 플로트 기법 시 바스푼을 잡는 방법

① 네 손가락을 펴서 바스푼을 받치듯이 잡은 다음 엄지로 받치는 방법

② 연필을 잡듯이 잡은 다음 글라스에 대주는 방법

3 스트레이너를 잡는 방법

믹싱 글라스에 스트레이너를 장착한 다음 윗부분에 튀어나온 부분을 검지로 밀면서 안정적으로 잡는다.

4 병을 잡는 방법

병은 편한 방법으로 잡되, 항상 라벨이 감독위원에게 보이도록 잡는다.

① 보디를 잡고 손목을 뒤로 젖혀서 잡는 방법

② 병목과 보디를 잡는 방법(보디가 클 때)

5 스터 기법 시 바스푼을 잡는 방법

네 손가락 가운데에 바스푼을 낀다면 믹싱 글라스 안쪽에 바스푼의 뒷부분을 대고 손목 스냅을 이용하여 돌리듯이 바스푼 자체를 돌려준다.

6 셰이커를 잡는 방법

스트레이너를 닫고 캡을 눌러서 내용물이 흐르지 않도록 한 다음 오른손 엄지로 캡을 잡고 왼손 검지 마디로 바닥을 잡는다. 열 때에도 캡을 먼저 열고 나중에 스트레이너를 열어야 한다.

셰이커를 잡는 방법   셰이커를 한 손으로 잡는 방법

4. 부재료

1 음료류(주스)

① 라임주스 : 라임 농축액 주스로, 칵테일의 맛을 살려주는 용도로 사용한다.

② 크랜베리주스 : 크랜베리 과즙으로 만든 주스이다.

③ 청포도주스 : 풋사랑 칵테일에 들어가는 주스이다.

④ 자몽주스 : 자몽 과즙으로 만든 주스이다.

⑤ 파인애플주스 : 파인애플 과즙으로 만든 주스로, 여성용 칵테일에 많이 사용한다.

⑥ 오렌지주스 : 오렌지 과즙으로 만든 주스이다.

⑦ 레몬주스 : 레몬 농축액으로 만든 주스로, 칵테일에서 가장 많이 사용하는 음료이다. 칵테일의 신맛 또는 드레싱으로 많이 사용한다.

⑧ 토마토주스 : 토마토 과즙으로 만든 주스로, 식전에 많이 사용하는 음료이다.

⑨ 우유 : 그래스호퍼 칵테일에 들어가는 주스이다.

⑩ 스위트 & 사워 믹스 : 가루로 된 제품도 있지만 액상 과즙 형태의 완제품 음료도 있다. 새콤달콤한 신맛을 내기 위한 재료로 사용한다.

⑪ 라즈베리 시럽 : 딸기나무 열매과로 만든 달콤한 맛의 시럽이다.

⑫ 피냐믹스 : 코코넛 농축액이다.

⑬ 그레나딘 시럽 : 빨간 석류 시럽으로, 칵테일에서 가장 많이 사용하는 시럽이다. 알코올이 없으며 붉은색 감미료로 사용한다.

⑭ 타바스코소스 : 핫소스의 일종이다. 고추의 빨간 껍질에 과실초 따위를 첨가하여 만들고 양식 요리나 피자, 스파게티 등에 사용한다.

⑮ 우스터소스 : 양파, 마늘, 사과에 조미료, 향신료를 넣고 익혀서 오래 저장할 수 있는 소스로, 돈가스 소스의 일종이다.

2 음료류(탄산)

① 콜라 : 콜라나무 열매로 만든 검은색 탄산음료이다.

② 스프라이트 : 사이다 또는 수입 제품 스프라이트 중 어느 것이 나오는지 알 수 없다.

③ 클럽 소다(소다수) : 아무 맛이 없는 탄산수이다.

④ 진저에일 : 생강으로 만든 탄산음료이다.

⑤ 설탕 : 파우더 슈거라 부른다.

⑥ 각설탕 : 큐브드 슈거라 부르며 올드 패션드 칵테일에 사용된다.

⑦ 소금 : 마르가리타(Margarita)의 리밍 장식과 블러디 메리(Bloody Mary)의 재료로 사용된다.

⑧ 넛맥 : 육두부 열매를 갈아 만든 향신료이다.

⑨ 후추 : 블러디 메리(Bloody Mary)의 재료로 사용된다.

5. 가니시(Garnish) 방법

1 슬라이스 레몬

① 레몬을 세로로 자른 다음 옆으로 돌려서 가운데를 0.5 cm 두께의 세로로
   자른다.

② 가운데에 칼집을 낸다.

③ 껍질을 손으로 잡되 장식할 때에는 가니시 텅을 사용한다.

2 트위스트 레몬 필

① 슬라이스 레몬을 준비한다.

② 과육과 껍질 사이의 흰 부분을 칼로 도려낸 후 껍질의 양 끝을 잡고 안으로
   돌려 말듯이 꼬아준다.

③ 양 옆으로 살짝 잡아당긴 다음 글라스에 장식하거나 그대로 담근다.

3 웨지 레몬

① 레몬을 세로로 자른다.

② 세로로 자른 레몬을 다시 세로로 놓고 3등분으로 자른 다음 껍질 부분을
   절반 정도 과육과 분리하여 자른다.

③ 가니시 텅을 사용하거나 손으로 장식한다.

4 슬라이스 레몬 & 체리

① 레몬을 세로로 자른 다음 슬라이스한다.

② 슬라이스로 자른 레몬의 끝에 칵테일 픽을 꽂은 다음, 가니시 텅으로 체리
   를 픽에 꽂고 반대편 레몬 껍질 끝에 꽂아 마무리한다.

③ 글라스에 걸치듯이 올려놓는다.

5 슬라이스 오렌지 & 체리

① 오렌지를 레몬보다 조금 두껍게 세로로 슬라이스한다.

② 체리를 칵테일 픽에 꽂고 45° 각도나 수직으로 꽂는다.

③ 가운데 칼집을 내고 가니시 텅이나 손으로 글라스에 꽂거나 담근다.

6 슬라이스 애플

① 사과를 세로로 자른다.

② 세로로 자른 사과의 옆부분을 슬라이스한다.

③ 칼집을 비스듬히 넣고 가니시 텅으로 집어서 글라스에 담근다.

7 **웨지 파인애플 & 체리**

① 파인애플을 깨끗이 씻은 다음 꼭지를 절단한다.

② 세로로 부채꼴 모양으로 3등분하여 자른 다음 옆으로 돌려서 적당한 두께의 세로로 자른다.

③ 부채꼴 모양의 심지 앞부분을 자르고, 가운데 칼집을 내어 체리를 칵테일 픽에 꽂은 다음 파인애플에 수직으로 꽂는다. 가니시 텅이나 손으로 글라스에 꽂거나 담근다.

8 **올리브**

① 가니시 텅으로 올리브를 통에서 꺼낸다.

② 가니시 텅이 없으면 바스푼으로 올리브를 꺼낸 다음 냅킨으로 물기를 없앤다.

③ 뾰족한 부분이 빠져나오지 않도록 칵테일 픽으로 꽂아서 글라스에 담근다.

9 **체리**

① 가니시 텅으로 체리를 통에서 꺼낸다.

② 냅킨으로 체리의 물기를 없앤다.

③ 뾰족한 부분이 빠져 나오지 않도록 칵테일 픽으로 꽂아서 글라스에 담근다.

10 **셀러리**

① 깨끗이 씻은 셀러리 속대를 잔의 크기에 맞도록 적당히 자른다.

② 글라스에 그대로 담근다.

③ 레몬이 있으면 같이 장식하거나 레몬만 장식해도 좋다.

11 **리밍 소금**

① 슬라이스 레몬을 준비한다.

② 가니시 텅을 사용하여 잔의 림 부분에 레몬의 과육 부분으로 즙을 바른다.

③ 글라스를 돌려가며 소금을 묻힌 다음 손으로 잔 소금을 털어준다.

12 **리밍 설탕**

① 슬라이스 레몬을 준비한다.

② 가니시 텅을 사용하여 잔의 림 부분에 레몬의 과육 부분으로 즙을 바른다.

③ 글라스를 돌려가며 설탕을 묻힌 다음 손으로 잔 설탕을 털어준다.

1. 위스키(Whisky)

위스키는 12세기경 아일랜드에서 보리를 발효하여 증류시킨 술로, 스코틀랜드에 유입되어 품질이 더 개발되면서 전세계로 알려지게 되었다. 라틴어 '아쿠아 바이티(Aqua-Vitae : 생명의 물)', 게르만어 '위스게 바하(Uisge-beatha)'가 변하여 위스키(Whiskey)로 바뀐 것이다. 'Whiskey'라는 단어는 스코틀랜드의 'Whisky'와 아일랜드의 'Whiskey'를 구별하기 위해 아일랜드인들이 사용하였는데, 이 단어는 아일랜드 더블린에서만 사용되었다.

위스키는 알코올 함유량이 41~61 % 정도이며, 원료에 따라 분류하면 100 % 보리(맥아)를 주원료로 한 **몰트 위스키(Malt Whisky)**, 호밀을 주원료로 한 **라이 위스키(Rye Whisky)**, 옥수수를 주원료로 한 **콘 위스키(Corn Whisky)** 등으로 구분한다.

위스키는 생산지에 따라 분류하기도 한다. 영국 스코틀랜드에서 생산되는 **스카치 위스키(Scotch Whisky)** 는 전세계 위스키 시장의 60 %를 차지하고 있다. 보리 엿기름 60 %와 기타 곡류 40 %를 혼합하여 당화·발효시킨 다음 단식증류기로 증류하여 만들고, 3년간 오크통(참나무통)에 저장·숙성하여 갈색을 띄고 있다. 대표적인 브랜드에는 조니 워커, 화이트 호스, 시바스 리갈, 블랙 & 화이트, 로얄 살루트, 발렌타인, 커티 삭, 딤플 등이 있다.

아일랜드에서 생산되는 **아이리시 위스키(Irish Whisky)**는 최고의 전통을 자랑한다. 맥아의 아밀라아제로 곡류를 당화·발효시킨 것을 북아일랜드에서 증류시켜 3년간 저장·숙성시킨 대맥과 곡류를 단식증류기로 3회 증류시켜 아이언통에 넣었다가 다시 오크통에서 7년 정도 저장·숙성시킨 것으로, 알코올 함유량이 43~45 %이다. 대표적인 브랜드에는 존 제임슨, 존 파워, 올드 부시밀 등이 있다.

미국 켄터키주 버번 지방을 중심으로 생산되는 **아메리칸 위스키(American Whisky)**는 옥수수를 주원료로 호밀, 맥아를 당화·증류시켜 오크통에 저장·숙성시킨 것이다. 다른 위스키보다 조금 붉은 빛깔을 띄고 있으며 알코올 함유량은 43~50 %이다. 대표적인 브랜드에는 짐 빔, 와일드 터키, 올드 그랜드 대드, 잭 다니엘 등이 있다.

캐나다에서 생산되는 **캐나디안 위스키(Canadian Whisky)**는 호밀을 주원료로 밀, 옥수수에 보리 엿기름으로 당화·발효·증류시킨 다음 오크통에 숙성하여 3~6년간 저장한 술이다. 대표적인 브랜드에는 캐나디안 클럽, 캐나디안 라이, 크라운 로열, 시그램 VO, 블랙 벨벳 등이 있다.

2. 럼(Rum)

럼은 사탕수수가 많이 나는 서인도 제도에서 시작되었으며, 17세기 초반 카리브해 발바도스섬에서 영국인의 증류 기술을 활용하여, 사탕수수로 설탕을 만들 때 나오는 당밀을 발효·증류하여 만들었다는 설이 있다. 서인도 제도의 토착민들은 럼블리온이라 불렀으며, 이를 따서 럼이라 부르게 되었다.

럼의 대표적인 산지는 쿠바, 자메이카, 푸에르토리코, 가나, 멕시코, 브라질 등으로, 각 지역의 증류와 숙성 방법에 따라 **라이트 럼**, **미디엄 럼**, **헤비 럼**으로 구분한다. 라이트 럼은 풍미가 가볍고 담백한 맛, 헤비 럼은 풍미가 진한 맛이며, 그 중간이 미디엄 럼이다.

라이트 럼은 쿠바의 바카디와 하바나 클럽, 미디엄 럼은 베네수엘라의 팜페로, 과테말라의 자파카, 헤비 럼은 자메이카의 마이어스 코르바, 푸에르토리코의 바카디, 캡틴 모건 등이 유명하다.

3. 진(Gin)

17세기 중반 네덜란드에서 이뇨효과가 있는 두송의 열매 주니퍼 베리를 알코올에 담아 증류시킨 다음 열대성 열병을 치료할 수 있는 약용주로 만들어 사용하였는데, 이것은 프랑스어로 주니에블이란 이름으로 판매되는 약이었다.

당시에는 상쾌한 알코올 음료로 네덜란드를 대표하는 술이었는데 17세기 후반 영국으로 건너가면서 진이라 불리게 되었다.

진은 무색투명하고 알코올 함유량이 40~50 % 정도이며, 마시고 난 후에도 개운하여 칵테일 베이스로 많이 사용되고 있다.

현대의 드라이진은 영국에서 제조방법이 발전하였으며 곡류를 증류한 원액에 두송의 열매 등을 첨가하여 단식증류기로 증류시킨 것으로, 이를 **런던 진**이라 한다. 대표적인 브랜드에는 비피터, 길비스, 부들스, 고든스, 탱커레이 등이 있다.

네덜란드 진은 묵직하고 짙은 맛의 헤비 타입 진이라 불리며, 향이 진하여 칵테일 베이스보다는 스트레이트로 마시는 경우가 많다. 루카스 볼스 제품의 제네버가 유명하다.

아메리카 진은 합성진으로 중성 알코올의 탱크에 향료를 넣은 것이다. 히람 워커, 시그램 등이 유명하다.

4. 테킬라(Tequila)

테킬라는 멕시코의 테킬라시에서 생산된 증류주이다. 지름이 70~80 cm, 무게가 30~40 kg이나 되는 용설란을 증기로 찌고 즙을 짜내어 발효시킨 다음 단식증류기로 2회 증류시켜 만든다. 테킬라는 1968년 멕시코 올림픽이 개최되면서 세계적으로 알려지게 되었는데, 테킬라를 마실 때 라임과 소금을 함께 먹는 것은 열대지방인 멕시코에서 부족한 비타민과 염분을 섭취하던 것에서 유래되었다.

테킬라는 숙성여부에 따라 숙성한 것과 숙성하지 않은 두 가지로 구분하는데, 숙성하지 않은 **화이트 테킬라**는 무색투명하며 칵테일에 많이 사용된다. 오크통에 넣어 2개월 이상 숙성한 것을 **테킬라 레포사드**, 1년 이상 숙성한 것을 **테킬라 아네호**라 하고, 술통의 색과 향이 어우러져 호박색을 띠며 짙은 맛이 있다.

테킬라의 대표적인 브랜드에는 호세 쿠에르보, 사우자, 페페로페즈, 투핑거스, 마리아치 등이 있다.

5. 보드카(Vodka)

보드카는 러시아를 대표하는 술로, 1917년에 일어난 러시아 혁명이 계기가 되어 세계에 널리 알려지게 되었다. 보드카는 생명의 물이라는 뜻으로 12세기경 러시아의 문헌 '지제니스 뷔타'라는 말에서 유래하였다. 15세기에는 뷔타라는 이름으로 불리다가 18세기경부터 보드카라 불리게 되었다.

제조방법은 옥수수, 밀, 보리, 감자에 엿기름을 첨가하여 당화 · 발효시킨 다음 연속식 증류기로 85~94도의 증류주를 만들어 이 술을 물로 희석하고, 자작나무 숯으로 만든 활성탄으로 여과층을 거쳐 20~30번의 정제를 반복한다. 목탄의 냄새를 제거하고 증류수를 혼합하여 알코올 40~50 % 정도로 낮추면 무색 · 무미 · 무취의 보드카가 된다.

보드카는 저장하지 않으며 비교적 공정이 간단하고 원가가 낮아 가격이 저렴하며, 어떤 음료나 부재료와도 잘 어울려 칵테일 베이스로 많이 사용하고 있다. 특히 미국에서는 칵테일용으로 많이 사용하며 러시아나 네덜란드에서는 스트레이트로 많이 사용한다.

대표적인 브랜드에는 러시아의 스톨리치나야, 모스코프스카야, 미국의 스미노프, 사모바, 모나크, 네덜란드의 볼스, 케틀원, 핀란드의 핀란디아, 폴란드의 벨베데르, 스웨덴의 아브솔트, 프랑스의 그레이 구스, 시락, 뉴질랜드의 42빌로우, 덴마크의 단즈카 등이 있다.

6. 브랜디(Brandy)

14세기경 프랑스와 스페인에서 연금술사가 와인을 증류하여 만든 것을 반브류레라 불렀는데, 이를 네덜란드 상인이 브랜드위인이라 하여 유럽에서 판매하다가 영국, 프랑스에서 브랜디라 부르게 되었다. 그 의미는 구운 와인, 즉 와인을 증류하여 만든 것이라 한다.

브랜디는 포도주를 단식증류기로 1차 증류시킨 다음 알코올 성분이 20~25 % 정도가 되면 2~3회 증류시켜 알코올 성분이 50~75 %가 되도록 한 다음 오크통에 넣어 저장 · 숙성시킨 것이다. 오크통의 색과 나무에서 나오는 탄닌으로 독특한 향과 색이 스며들어 호박색에 가까운 갈색이 된다. 숙성기간이 길수록 좋은 품질의 브랜디를 만들 수 있다.

브랜디의 오랜 역사를 자랑하는 나라는 프랑스로, 코냑크와 아르마냑크 지방에서 만들어지는 브랜디가 대표적이다. 코냑은 코냑크 지방에서 생산되는 브랜디로, 등급에 따라 VO, VSO, VSOP, XO, EXTRA 등으로 표기한다. 코냑의 대표적인 브랜드에는 레미마틴, 마르텔, 헤네시, 하인, 꾸브와제가 있다.

아르마냑은 아르마냑크 지방에서 생산되는 브랜디로 대표적인 브랜드에는 샤보, 마리약, 자노, 마르키 드 비브릭 등이 있다.

이 밖에도 프랑스 노르망디 지역에서 사과를 이용한 브랜디로 칼바도스가 있으며 포도를 짜낸 찌꺼기로 만든 프랑스의 마르, 이탈리아의 그라파 등이 있다.

7. 리큐어(Liqueur)

리큐어는 증류주에 과일, 꽃, 약초, 식물의 뿌리와 껍질 등으로 향기롭게 하고 색깔과 감미를 북돋아 주는 혼성주이다. 고대 그리스의 히포크라테스가 약초를 와인에 녹여서 만든 물약에서 유래되었다.

지금과 같은 리큐어는 13세기경 스페인 의사이며 연금술사인 아르노 드 빌누브와 리몬 루르가 꽃에서 향료 성분을 추출하여 만든 것이다. 블루, 그린, 오렌지와 같이 아름다운 색깔을 지니고 있어 액체의 보석이라 하며, 달콤하고 색이 고운 리큐어는 식후주로 마시기도 한다.

1 제조법

① 증류법(Distilled process)

방향 성분의 원료를 알코올에 담갔다가 건져내어 증류시키는 방법이다. 증류법은 장기 보관이 가능하지만 향이 별로 나지 않는다는 단점이 있다.

② 에센스법(Essence process)

합성향료의 에센스를 사용하여 이것에 감미와 색을 혼합하여 만드는 방법으로, 원료로부터 추출하여 알코올에 첨가시키는 방법이다. 품질이 좋지 않지만 비용이 절약되어 가장 많이 사용한다.

③ 침출법(Infusion process)

증류주 등에 약초, 과일 당분을 첨가하여 직접 향과 맛이 우러나도록 하는 방법으로, 리큐어 제조법 중 경비가 적어 가장 많이 사용하는 방법이다. 품질이 가장 우수하지만 장기 보관이 어렵다는 단점이 있다.

④ 여과법(Filtration process)

나뭇잎이나 약초를 여과기의 위 칸에 넣고 아래 칸에 있는 알코올을 재료 위로 끌어올린 후 부어서 만드는 방법이다. 이때 향기를 내는 성분은 추출되어 아래 칸으로 내려간다.

2 종류

혼성주는 위와 같이 증류법, 에센스법, 침출법, 여과법 등의 방법으로 제조하며, 여기에 여러 가지 리큐어를 증류주에 넣어 분류하기도 하는데 향초계, 약초계, 과일계, 종자계 등 4종으로 분류하고 있다. 향초계, 약초계에는 박하의 페퍼민트류, 녹차의 그린티, 제비꽃의 바이올렛이 있으며 과일계에는 오렌지 껍질의 퀴라소류, 살구의 애프리코트 브랜디, 종자계에는 카카오 원두의 카카오 리큐어, 크림 리큐어 등이 있다.

① 쿰멜(Kummel)

회향초 열매를 주원료로 만든 무색투명하고 독성이 있는 리큐어이다.

② 드람부이(Drambuie)

영국의 스카치 위스키(Scotch Whisky)에 벌꿀과 약초를 넣어 만든 리큐어이다.

③ 아이리시 미스트(Irish Mist)

아이리시 위스키(Irish Whisky)에 향초와 벌꿀을 넣어 만든 리큐어이다.

④ 베르무트(Vermouth)

포도주에 여러 가지 약초 또는 당분을 넣어 만든 리큐어로, 드라이 베르무트와 스위트 베르무트가 있다.

⑤ 아니세트(Anisette)

고대 그리스 시대의 약초로 유명한 아니스 열매와 레몬 껍질 등의 향미를 증류주에 첨가하고 시럽으로 단맛을 낸 리큐어로, 신경을 흥분시키는 성분이 함유되어 있다.

⑥ 베네딕틴(Benedictine)

1510년경 프랑스에서 만들어진 리큐어로, 안젤리카, 박하, 주니퍼 베리, 시나몬, 넛맥, 바닐라, 레몬 껍질, 벌꿀 등 약 27종의 약초를 사용하여 만든 것이다. 황금색 빛으로 피로회복 효능이 있다. 술병에 적힌 DOM(Deo Optimo Maximo)은 라틴어로 "가장 선하고 가장 위대한 신에게 최선을 다해 바친다."라는 의미이다.

⑦ 캄파리(Campari)

각종 식물의 뿌리, 씨, 향초, 껍질 등 70여 가지의 재료로 만든 쓴맛이 강한 빨간색의 이탈리아 리큐어이다.

⑧ 샤르트뢰즈(Charteuse)

수도사라는 뜻으로 리큐어의 여왕이라 불린다. 수도승의 활력 증진을 위해 많이 마셨으며 옐로와 그린이 있다.

⑨ 시나(Cynar)

와인에 아티초크를 배합한 리큐어로 약간 진한 커피색을 띤다.

⑩ 갈리아노(Galliano)

오렌지, 아니스, 바닐라 등 40여종의 약초로 만든 것으로, 황금빛을 띠며 알코올 도수가 35~40도인 이탈리아 리큐어이다.

⑪ 시나 예거마이스터(Jägermeister)

1878년에 만들어진 독일산 허브 리큐어로 56가지의 재료를 사용하여 만든다.

⑫ 삼부카(Sambuca)

이탈리아에서 생산되는 리큐어로 아니세트와 비슷한 술이다.

⑬ 아마레토(Amaretto)

이탈리아 리큐어로 살구씨를 물과 함께 증류하여 향초 성분과 혼합하고 시럽을 첨가하여 만든 리큐어로, 아몬드 향이 강한 것이 특징이다. 그러나 아몬드는 일체 사용하지 않고 살구핵을 물에 침지·증류하여 아몬드 향과 비슷한 향을 만든 다음 여러 가지 향료와 함께 중성 주정에 넣어 숙성시켜 만든 후 시럽을 첨가하여 제품화한 것이다.

⑭ 퀴라소(Çuracao)

남미 카리브해의 퀴라소섬에서 재배되는 오렌지를 원료로 만든 리큐어로, 현재는 화이트 퀴라소, 블루 퀴라소, 그린 퀴라소, 레드 퀴라소, 오렌지 퀴라소의 5가지가 만들어지고 있다. 쿠앵트로, 그랑 마니에, 트리플 섹 등도 오렌지 껍질로 만든 리큐어이다.

⑮ 앙고스투라 비터스(Angostura bitters)

맨해튼, 올드 패션드 칵테일에 사용되며, 향료로서 뛰어난 풍미와 향기가 있는 고미제(쓴맛 성분을 줌)로 많이 사용된다. 한편 비터는 증류주에 초근목피 등의 약초를 보태어 만든 혼성주로 칵테일의 향을 좋게 하기 위하여 주로 사용한다.

⑯ 칼루아(Kahlua)

멕시코에서 만든 커피 리큐어로, 커피 맛이 나게 한 리큐어이다. 일반적으로 원두 커피를 증류주에 침지한 다음 브랜디와 당분, 바닐라 등을 섞어서 맛과 향이 나도록 하였다. 대표적인 브랜드로는 멕시코산 커피로 만든 칼루아와 자메이카산 블루마운틴 커피로 만든 티아 마리아(Tia maria)가 있으며, 그 외에 크림 드 모카(Crème de macha), 크림 드 카페(Crème de cafe) 등이 있다.

⑰ 운더베르그(Underberg)

독일에서 생산하고 있는 쓴맛의 리큐어이다. 40종류 이상의 향료를 알코올로 추출하여 숙성시킨 것으로 위를 보호해준다 하여 건강주로 애용되고 있다.

보충 학습

■ **와인 상식**
① 일반적으로 와인 1병(1 Bottle)은 760 mL이다.
② 빈티지 : 포도의 수확 연도
③ Grappa : 포도 짜는 기계 속의 찌꺼기로 증류한 술
④ 소믈리에(Sommelier) : 서양 요리에서 손님이 주문한 요리와 어울리는 와인을 고객에게 추천하는 일을 전문으로 하는 사람으로 소믈리에는 와인 주문과 서비스, 품목 선정과 와인 리스트 작성, 와인의 보관과 관리를 책임진다.
⑤ 와인 스튜어트(Wine Steward)는 좋은 와인을 추천하고 안내하는 와인 판매인이다.
⑥ 레드와인 병의 바닥이 요철로 된 이유는 찌꺼기가 이동하는 것을 방지하기 위해서이다.

■ **슈터(Shooter)**
레몬즙을 손등에 문지르고, 그 위에 소금을 뿌린 다음 소금을 혀로 핥고 데킬라를 원 샷으로 마신 후 레몬이나 라임 조각을 무는 방법

■ **보디샷(Body shot)**
레몬즙을 함께 술을 마시는 파트너의 몸에 문지르고, 그 위에 소금을 뿌린 다음 소금을 혀로 핥고 데킬라를 원 샷으로 마신 후 레몬이나 라임 조각을 무는 방법

조주기능사 출제 과제

- 위스키 베이스
- 럼 베이스
- 진 베이스
- 화이트와인
- 테킬라 베이스
- 보드카 베이스
- 브랜디 베이스
- 리큐어 베이스
- 우리 술 베이스

올드 패션드
Old Fashioned

조주법 Build
글라스 Old-fashioned Glass
가니시 A Slice of Orange and Cherry
재료 **각설탕**(Cubed Sugar) ·· 1 ea
　　　 앙고스투라 비터스(Angostura Bitters) ················· 1 dash
　　　 소다 워터(Soda Water) ·· 1/2 oz
　　　 버번 위스키(Bourbon Whiskey) ····················· 1 · 1/2 oz

유래

미국 켄터키주 어느 클럽의 바텐더
가 클럽에 모인 경마 팬들을 위해
만든 칵테일이다. 버터와 설탕을 넣
고 만든 것이 시초이다.

유의 사항

1. 레시피의 순서를 잘 기억한다.
2. 각설탕을 넣은 다음 얼음을 넣는
   순서를 잘 지킨다.
3. 슬라이스 오렌지와 체리로 장식
   한다.
4. 오렌지가 없으면 슬라이스 라임
   으로 장식한다.

참고

• 각설탕 대신 가루 설탕이나 시럽
  을 사용해도 좋다.

만드는 법

1. 올드 패션드 글라스에 **각설탕**을
넣는다.

2. 분량의 **앙고스투라 비터스, 소다
워터**를 넣는다.

3. 바스푼으로 각설탕을 으깨고 저어
서 녹인다. 글라스에 **얼음**을 80 %
정도 넣고 분량의 **버번 위스키**를
넣은 다음 저어준다.

4. 칵테일 픽으로 **슬라이스 오렌지**
와 **체리**를 꽂아 글라스에 장식하
여 완성한다.

러스티 네일
Rusty Nail

조주법 Build
글라스 Old-fashioned Glass
가니시 No
재료 **스카치 위스키**(Scotch Whisky) ···················· 1 oz
　　　드람브이(Drambuie) ····························· 1/2 oz

유래

러스티 네일은 녹슨 못 또는 예스러운 음료라는 뜻으로, 영국신사들이 즐겨 마시는 칵테일이다. 드람브이를 사용하며 벌꿀, 약초, 허브를 첨가하여 단맛이 강하고 식후주로도 사용한다.

유의사항

1. 완성된 칵테일이 연한 갈색이 되도록 한다.
2. 장식을 하지 않는다.

참고

• 기호에 따라 레몬 껍질을 짜 넣어도 좋다.

만드는 법

1. 올드 패션드 글라스에 얼음 3~4개를 넣어 차갑게 한다.

2. 분량의 스카치 위스키, 드람브이를 넣는다.

3. 바스푼으로 7~8회 저어준다.

4. 완성한다.

맨해튼
Manhattan

조주법	Stir
글라스	Cocktail Glass
가니시	Cherry
재료	**버번 위스키**(Bourbon Whisky) ·························· 1 · 1/2 oz
	스위트 베르무트(Sweet Vermouth) ·················· 3/4 oz
	앙고스투라 비터스(Angostura Bitters) ·············· 1 dash

만드는 법

유래

제19대 미국 대통령선거 당시 윈스턴 처칠의 어머니가 맨해튼 클럽에서 파티를 열었을 때 처음 선보인 칵테일에서 그 이름이 유래되었다. 칵테일의 여왕이라고도 한다.

유의 사항

1. 믹싱 글라스에 얼음과 재료를 순서대로 넣고 저어준 다음 글라스에 따른다.
2. 앙고스투라 비터스를 너무 많이 뿌리면 1 dash 이상이 될 수 있으므로 주의한다.

참고

• 버번 위스키 대신 스카치 위스키를 넣으면 로브 로이 칵테일이 된다.

1. 칵테일 글라스에 얼음 2~3개를 넣어 차갑게 한다.

2. 믹싱 글라스에 얼음 60~70 %, 분량의 버번 위스키, 스위트 베르무트, 앙고스투라 비터스를 넣는다.

3. 바스푼으로 6회 이상 저어준 다음 스트레이너를 끼우고 얼음이 나오지 않도록 글라스에 따른다.

4. 칵테일 픽으로 레드 체리를 꽂아 장식하여 완성한다.

위스키 사워
Whiskey Sour

조주법 Shake & Build
글라스 Sour Glass
가니시 A Slice of Lemon and Cherry
재료 **버번 위스키**(Bourbon Whisky) ·· 1 · 1/2 oz
　　레몬주스(Lemon Juice) ··· 1/2 oz
　　설탕(Powdered Sugar) ·· 1 tsp
　　소다 워터(Soda Water) ·· 1 oz

유래

위스키에 과즙을 넣어 만든 대표적인 사워 칵테일로, 여성들이 좋아하는 가장 대중적인 위스키 베이스 칵테일이다. 식전 에피타이저로도 좋다.

유의사항

1. 탄산수를 넣은 다음 많이 젓지 않는다.
2. 레몬과 체리를 함께 꽂아 장식한다.

참고

• 버번 위스키 대신 브랜디를 넣으면 브랜디 사워, 진을 넣으면 진 사워가 된다.

만드는 법

1. 사워 글라스에 얼음을 넣어 차갑게 한다.

2. 셰이커에 얼음을 60 % 정도 넣고 분량의 버번 위스키, 레몬주스, 설탕을 넣어 흔들어준다.

3. 글라스 얼음을 버린 후 셰이커의 얼음이 나오지 않도록 따른다. 분량의 소다 워터를 넣고 2~3회 저어준다.

4. 칵테일 픽으로 슬라이스 레몬과 체리를 꽂아 장식하여 완성한다.

뉴욕
New York

조주법	Shake
글라스	Cocktail Glass
가니시	Twist of Lemon peel
재료	**버번 위스키**(Bourbon Whisky) ···································· 1 · 1/2 oz
	라임주스(Lime Juice) ·· 1/2 oz
	설탕(Powdered Sugar) ··· 1 tsp
	그레나딘 시럽(Grenadine Syrup) ······························· 1/2 tsp

유래

뉴욕의 해가 떠오르는 모습을 담아 오렌지색의 아름다움으로 표현한 것으로, 미국 뉴욕의 지명을 그대로 붙인 칵테일이다. 특유의 신비로운 향과 맛을 낸다.

유의 사항

1. 그레나딘 시럽을 많이 사용하지 않으며 칵테일 색에 유의한다.
2. 설탕은 바스푼으로 계량하고 그레나딘이나 액체는 지거를 사용하여 계량한다.
3. 가니시가 트위스트 레몬 필이므로 레몬 껍질이 준비되어 있지 않으면 생략해도 좋다.

참고

• 아메리칸 위스키인 버번 위스키를 사용하므로 붉은빛이 난다.

만드는 법

1. 칵테일 글라스에 얼음 2~3개를 넣어 차갑게 한다.

2. 셰이커에 얼음을 60 % 정도 넣고 분량의 **버번 위스키, 라임주스**를 넣는다.

3. 분량의 **설탕, 그레나딘 시럽**을 순서대로 넣고 흔들어준 다음 셰이커의 얼음이 나오지 않도록 따른다.

4. **레몬 껍질**을 자르고 꼬아서 글라스에 장식하거나 담가서 완성한다.

쿠바 리브레
Cuba Libre

쿠바 리브레

조주법	Biuld
글라스	Highball Glass
가니시	A Wedge Lemon
재료	**럼**(Light Rum) ·· 1 · 1/2 oz
	라임주스(Lime Juice) ·· 1/2 oz
	콜라(Cola) ·· Fill

유래

쿠바의 독립운동 당시 한 장교가 어느 바에 들어갔을 때 미국 병사가 Coca Cola를 마시는 것을 보고, 쿠바의 럼과 혼합하여 'Viva Cuba Libre(자유 쿠바 만세)'를 외치며 건배한 데에서 유래되었다.

유의 사항

1. 모스코 뮬과 레시피가 비슷하여 같이 만들어 보면 도움이 된다.
2. 콜라의 탄산이 날아가지 않도록 살짝만 저어준다.

참고

• 럼 대신 리큐어를 넣으면 쿠바 리브레 슈브림 칵테일이 된다.

만드는 법

1. 하이볼 글라스에 얼음을 가득 넣어 차갑게 한다.

2. 분량의 럼, 라임주스를 넣는다.

3. 콜라를 글라스의 80 % 정도 채우고 바스푼으로 저어준다.

4. 웨지 레몬으로 장식하거나 글라스에 담가서 완성한다.

마이 타이
Mai-Tai

조주법	Blend
글라스	Footed Pilsner Glass
가니시	A Wedge of fresh Pineapple(Orange) & Cherry

재료
- **럼**(Light Rum) ············ 1 · 1/4 oz
- **트리플 섹**(Triple Sec) ············ 3/4 oz
- **오렌지 · 파인애플 · 라임주스**(Orange · Pineapple · Lime Juice) ······· 각 1 oz
- **그레나딘 시럽**(Grenadine Syrup) ············ 1/4 oz

유래

마이 타이는 타히티(Tahiti)어로 최고라는 뜻이다. 하와이 어느 호텔 바 마이 타이에서 한 바텐더가 손님에게 선보인 칵테일이 최고의 찬사를 받은 데에서 유래되었다.

유의 사항

1. 반드시 그레나딘 시럽을 사용한다.
2. 오렌지 · 파인애플 · 라임주스를 사용한다.
3. 파인애플과 체리로 장식한다.

참고

- 럼이 베이스이고 과일주스가 3가지나 되지만 특징을 생각하며 만들어 보면 기억하기 쉽다.

만드는 법

1. 필스너 글라스에 얼음을 80 % 정도 넣어 차갑게 한다.

2. 블렌더에 분량의 럼, 트리플 섹, 오렌지 · 파인애플 · 라임주스를 넣는다.

3. 블렌더에 분량의 그레나딘 시럽을 넣고, 크러시드 아이스를 1/3가량 넣어 10~15초 동안 작동시킨다.

4. 블렌더 보디의 입구가 자기 앞으로 오게 하여 따르고, 파인애플과 체리를 꽂아 장식하여 완성한다.

블루 하와이안
Blue Hawaiian

조주법	Blend
글라스	Footed Pilsner Glass
가니시	A Wedge of fresh Pineapple & Cherry
재료	럼(Light Rum) ·········· 1 oz
	블루 퀴라소(Blue Çuracao) ·········· 1 oz
	코코넛 럼(Coconut Flavored Rum(Malibu)) ·········· 1 oz
	파인애플주스(Pineapple Juice) ·········· 2 · 1/2 oz

만드는 법

유래

미국 하와이 힐튼 호텔의 어느 바텐더가 개발한 칵테일로, 하와이의 맑은 바다와 푸른 하늘처럼 시원하고 상큼한 칵테일이다.

유의 사항

1. 럼(Light Rum)은 시험장에 준비된 무색의 럼주를 사용한다.
2. 파인애플과 체리로 장식한다.

참고

• 블렌드 기법에는 크러시드 아이스가 사용된다.

1. 필스너 글라스에 얼음을 80 % 정도 넣어 차갑게 한다.

2. 블렌더에 분량의 럼, 블루 퀴라소, 코코넛 럼, 파인애플주스, 크러시드 아이스를 넣는다.

3. 1단으로 작동한 다음 10∼12초 동안 2단으로 작동하며 얼음이 잘 부서졌을 때 멈춘다.

4. 글라스에 따른 다음 칵테일 픽으로 파인애플과 체리를 꽂아 장식하여 완성한다.

피냐 콜라다
Pina Colada

피냐 콜라다

조주법	Blend
글라스	Footed Pilsner Glass
가니시	A Wedge of fresh Pineapple & Cherry
재료	**럼**(Light Rum) ································· 1 · 1/4 oz
	피냐 콜라다(Pina Colada Mix) ················· 2 oz
	파인애플주스(Pineapple Juice) ··············· 2 oz

유래

피냐 콜라다는 파인애플 언덕이라는 뜻이다. 남국의 정취가 물씬 풍기는 트로피컬 칵테일로, 여성들이 즐겨 마시는 칵테일이다.

유의 사항

1. 블렌더를 너무 많이 돌려 얼음이 다 녹지 않도록 한다.
2. 글라스를 제공할 때에는 스템을 잡고 제공한다.
3. 파인애플과 체리로 장식한다.

참고

• 럼 대신 보드카를 넣으면 치치 칵테일이 된다.

만드는 법

1. 필스너 글라스에 얼음을 80 % 정도 넣어 차갑게 한다.

2. 블렌더에 분량의 럼, 피냐 콜라다, 파인애플주스를 넣고, 크러시드 아이스를 1/3가량 채워 섞는다.

3. 필스너 글라스의 아래를 잡고 부어준다.

4. 칵테일 픽으로 파인애플과 체리를 꽂아 장식하여 완성한다.

바카디
Bacardi

조주법	Shake
글라스	Cocktail Glass
가니시	No
재료	**바카디 럼**(Bacardi Rum White) ·········· 1 · 3/4 oz
	라임주스(Lime Juice) ·········· 3/4 oz
	그레나딘 시럽(Grenadine Syrup) ·········· 1 tsp

유래

럼을 제조하는 바카디 회사가 럼의 판매 촉진을 위해 다이키리를 변형시켜 만든 칵테일이다. 바카디 럼을 사용하지 않는 칵테일을 바카디란 이름으로 판매하는 것에 화가 난 어느 손님의 소송으로 "바카디 칵테일은 반드시 바카디 럼을 사용해야 한다."라는 판결이 났다고 한다.

유의 사항

1. 반드시 바카디 럼을 사용해야 하는 칵테일이다.
2. 그레나딘 시럽은 셰이킹 후 마지막에 넣기도 하지만 시간 관계상 같이 넣고 흔들어준다.
3. 장식을 하지 않는다.

참고

• 바카디 럼 대신 다른 럼을 사용한 경우 핑크 다이키리라 부른다.

만드는 법

1. 칵테일 글라스에 얼음을 넣어 차갑게 한다.

2. 셰이커에 얼음을 80 % 정도 넣고 분량의 바카디 럼을 넣는다.

3. 분량의 라임주스, 그레나딘 시럽을 넣고 캡을 닫은 다음 셰이커를 10~15회 흔들어준다.

4. 글라스의 얼음을 버리고 셰이커의 얼음이 나오지 않도록 글라스에 부어 완성한다.

다이키리
Daiquiri

조주법	Shake
글라스	Cocktail Glass
가니시	No
재료	**럼**(Light Rum) ········· 1 · 3/4 oz
	라임주스(Lime Juice) ········· 3/4 oz
	설탕(Powdered Sugar) ········· 1 tsp

유래

쿠바의 광부들이 더위를 피하기 위해 럼에 라임과 설탕을 넣어 마시던 것에서 유래되었다. 프로즌 다이커리는 소설가 헤밍웨이가 즐겨 마셨던 칵테일로 유명하다.

유의 사항

1. 반드시 레몬주스가 아닌 라임주스를 사용한다.
2. 럼은 무색투명한 화이트 럼을 사용한다.
3. 설탕을 셰이커에 넣을 때에는 바스푼을 사용하여 흘리지 않도록 한다.
4. 장식을 하지 않는다.

참고

• 라이트 럼을 바카디 럼으로, 설탕을 그레나딘 시럽으로 바꾸면 바카디 칵테일이 된다.

만드는 법

1. 칵테일 글라스에 얼음 2~3개를 넣어 차갑게 한다.

2. 셰이커에 얼음을 60% 정도 넣은 다음 분량의 럼, 라임주스를 넣는다.

3. 셰이커에 분량의 설탕을 넣고 스트레이너와 캡을 닫은 다음 10~15회 힘차게 흔들어준다.

4. 셰이커의 얼음이 나오지 않도록 칵테일 글라스에 부어 완성한다.

네그로니
Negroni

네그로니

표준 레시피

조주법 Build
글라스 Old-fashioned Glass
가니시 Twist of Lemon peel
재료   **드라이진**(Dry Gin) ·· 3/4 oz
       스위트 베르무트(Sweet Vermouth) ····································· 3/4 oz
       캄파리(Campari) ·· 3/4 oz

유래

이탈리아의 카밀로 네그로니 백작은 자신이 직접 고안한 레시피를 바텐더에게 주문하여, 그 칵테일을 마셨다고 한다. 이후에 바텐더가 백작의 허락을 받고 네그로니 칵테일이라 발표하였다.

유의사항

1. 캄파리의 쌉쌀한 맛이 특징이다.
2. 레시피는 진, 스위트 베르무트, 캄파리의 순서지만 스위트 베르무트를 나중에 넣는 것이 좋다.

참고

• 네그로니는 진 다음 재료의 순서를 바꾸어 만들어도 감점이 되지 않는다.

만드는 법

1. 올드 패션드 글라스에 **얼음**을 넣어 차갑게 한다.

2. 얼음이 있는 글라스에 분량의 **드라이진**, **스위트 베르무트**를 넣는다.

3. 분량의 **캄파리**를 넣은 다음 바스푼으로 저어준다.

4. **레몬 껍질**을 자르고 꼬아서 글라스에 담가서 완성한다.

드라이 마티니
Dry Martini

조주법	Stir
글라스	Cocktail Glass
가니시	Green Olive
재료	드라이진(Dry Gin) ··· 2 oz
	드라이 베르무트(Dry Vermouth) ··························· 1/3 oz

유래

뉴욕의 어느 바텐더가 네덜란드 진에 이탈리아 베르무트를 1:1로 배합하여 만든 것에서 유래되었다. 칵테일의 왕이라고도 한다.

유의 사항

1. 용량을 정확하게 하여 만든다.
2. 체리와 올리브를 확실히 구별하여 반드시 체리가 아닌 올리브로 장식한다.

참고

• 올리브 대신 어니언으로 장식하면 깁슨 칵테일이 된다.

만드는 법

1. 칵테일 글라스에 얼음을 넣어 차갑게 한다.

2. 믹싱 글라스에 얼음 60 %, 분량의 드라이진, 드라이 베르무트를 넣어 바스푼으로 6회 이상 저어준다.

3. 믹싱 글라스에 스트레이너를 끼우고 칵테일 글라스에 따른다.

4. 올리브로 장식하여 완성한다.

싱가포르 슬링
Singapore Sling

조주법	Shake & Build
글라스	Footed Pilsner Glass
가니시	A Slice of Orang and Cherry

재료		
드라이진(Dry Gin)	⋯⋯⋯⋯⋯⋯	1 · 1/2 oz
레몬주스(Lemon Juice)	⋯⋯⋯⋯⋯⋯	1/2 oz
설탕(Powdered Sugar)	⋯⋯⋯⋯⋯⋯	1 tsp
클럽 소다(Club Soda)	⋯⋯⋯⋯⋯⋯	Fill
체리 브랜디(Cherry Flavored Brandy)	⋯⋯⋯⋯⋯⋯	1/2 oz

유래

영국의 소설가 서머싯 몸이 동양의
신비라고 극찬한 것으로, 저녁 노을
을 표현하여 만든 칵테일이다.

유의 사항

1. 체리 브랜디는 가능한 다른 재료
   와 함께 셰이킹하지 않는다.
2. 슬라이스 오렌지와 체리로 장식
   한다.

참고

• 설탕 대신 그레나딘 시럽을 사용
  해도 좋다.

만드는법

1. 필스너 글라스에 얼음을 가득 넣
어 차갑게 한다.

2. 셰이커에 얼음을 60 % 정도 넣고
분량의 드라이진, 레몬주스, 설탕
을 넣은 다음 흔들어준다.

3. 필스너 글라스에 따른 다음 나머
지 부분을 클럽 소다로 채우고 바
스푼으로 섞어준다.

4. 분량의 체리 브랜디를 넣고 슬라
이스 오렌지와 레드 체리로 장식
하여 완성한다.

키르

Kir

조주법 Build
글라스 White Wine Glass
가니시 Twist of Lemon peel
재료 **화이트와인**(White Wine) ··· 3 oz
　　　 카시스(Crème de Cassis) ·· 1/2 oz

유래

프랑스 부르고뉴 지방의 디종시장인 캐농 패릭스 키르가 고안한 것으로, 카시스의 향기와 단맛이 적절히 조화를 이루어 만든 훌륭한 칵테일이다.

유의 사항

1. 키르는 칠링을 하지 않고 만드는 칵테일이다.
2. 글라스를 제공할 때에는 스템을 잡고 제공한다.
3. 글라스의 파손 여부를 항상 체크한다.

참고

• 화이트와인 대신 샴페인을 넣으면 키르 루아이얼, 스파클링 와인을 넣으면 키르 로열이 된다.

만드는 법

1. 화이트와인 글라스에 분량의 **화이트와인**을 넣는다.

2. 분량의 **카시스**를 넣는다.

3. 바스푼으로 저어준다.

4. **레몬 껍질**을 자르고 꼬아서 글라스에 장식하거나 담가서 완성한다.

테킬라 선라이즈
Tequila Sunrise

조주법 Build & Float
글라스 Footed Pilsner Glass
가니시 No
재료 **테킬라**(Tequila) ··· 1 · 1/2 oz
　　　오렌지주스(Orange Juice) ······································· Fill
　　　그레나딘 시럽(Grenadine Syrup) ······················· 1/2 oz

유래

테킬라로 처음 만들어진 칵테일이다. 그레나딘 시럽을 넣어 황폐한 평야를 붉게 비추며 아침의 태양이 떠오르는 광경을 연상하게 한다는 데에서 유래하였다.

유의사항

1. 일출을 표현하기 위해 그레나딘 시럽을 지거로 계량하여 위로 떠오르게 한다.
2. 그레나딘 시럽을 띄울 때 바스푼으로 젓지 않는다.
3. 장식을 하지 않는다.

참고

• 마시는 사람이 직접 저어 그레나딘 시럽이 위로 떠오르는 것을 보고 일출을 느낄 수 있게 한다.

만드는 법

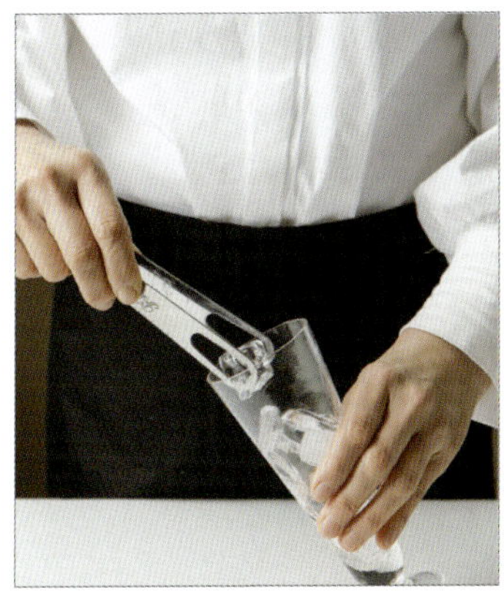

1. 필스너 글라스에 얼음을 가득 넣어 차갑게 한다.

2. 분량의 테킬라를 넣은 다음 글라스의 위에서부터 2 cm 남긴 부분까지 오렌지주스를 따른다.

3. 바스푼을 꽂아 그레나딘 시럽이 섞이지 않고 한쪽으로 타고 내려가도록 천천히 부어준다.

4. 색이 섞이지 않도록 완성한다.

마르가리타

Margarita

마르가리타

조주법 Shake
글라스 Cocktail Glass
가니시 Rimming with Salt
재료   **테킬라**(Tequila) ································· 1 · 1/2 oz
        트리플 섹(Triple Sec) ························· 1/2 oz
        라임주스(Lime Juice) ························· 1/2 oz

유래

미국의 어느 바텐더가 연인 마르가리타의 죽음을 추억하며 만든 칵테일이다. 그 연인이 음료에 소금을 넣어 마시는 것을 좋아하여 글라스에 소금을 묻히는 칵테일을 만들었다고 한다.

유의 사항

1. 레몬즙을 너무 많이 바르지 않도록 한다.
2. 글라스의 스템을 잡고 돌려가며 소금을 리밍(Rimming)한다.
3. 셰이킹 한 내용물에 소금이 흘러내리지 않도록 글라스에 잘 따른다.

참고

• 트리플 섹을 블루 퀴라소로 바꾸면 프로즌 블루 마르가리타가 된다.

만드는 법

1. 칵테일 글라스를 차갑게 한 다음 글라스의 가장자리에 레몬즙을 바르고 소금을 묻힌다.

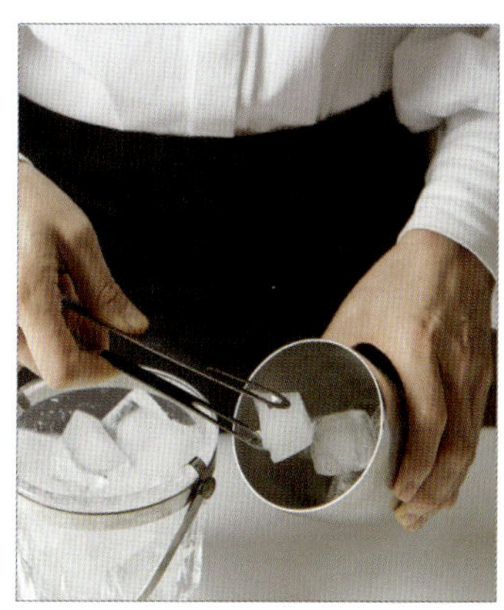

2. 셰이커에 얼음을 60 % 정도 채워 넣는다.

3. 셰이커에 분량의 테킬라, 트리플 섹, 라임주스를 순서대로 넣는다.

4. 셰이커를 10~15회 흔들어준 다음 얼음이 나오지 않도록 글라스에 부어 완성한다.

블랙 러시안
Black Russian

표준 레시피

조주법	Build
글라스	Old-fashioned Glass
가니시	No
재료	**보드카**(Vodka) ···························· 1 oz
	커피 리큐어(Coffee Liqueur) ············· 1/2 oz

유래

블랙 러시안은 러시아를 대표하는 보드카와 커피 리큐어의 색이 검정인 것에서 유래되었다. 알코올 도수가 높지만 마시기에 좋다.

유의 사항

1. 커피 리큐어 또는 칼루아를 사용한다.
2. 장식을 하지 않는다.

참고

• 블랙 러시안에 우유를 넣으면 화이트 러시안이 되고, 칼루아와 우유를 1 oz씩 넣으면 여성용 블랙 러시안이 된다.

만드는 법

1. 올드 패션드 글라스에 얼음을 80 % 정도 넣어 차갑게 한다.

2. 분량의 보드카, 커피 리큐어(칼루아)를 넣는다.

3. 바스푼으로 저어준다.

4. 완성한다.

모스코 뮬
Moscow Mule

모스코 뮬

조주법 Build
글라스 Highball Glass
가니시 A Slice of Lime or Lemon
재료 **보드카**(Vodka) ·························· 1 · 1/2 oz
      라임주스(Lime Juice) ················· 1/2 oz
      진저에일(Ginger Ale) ···················· Fill

유래

모스코 뮬은 모스코바의 노새라는 뜻으로 보드카, 진저에일, 동제 머그컵 판매 촉진을 위해 전략적으로 유행시킨 칵테일이다. 구리로 만든 머그컵으로 마시는 것이 특징이다.

유의 사항

1. 진저에일을 글라스의 80 % 정도 채운다.
2. 바스푼으로 스터(Stir)할 때 탄산이 날아가지 않도록 주의한다.

만드는 법

1. 하이볼 글라스에 얼음을 넣고 분량의 보드카를 넣는다.

2. 분량의 라임주스를 넣고 진저에일을 글라스의 80 % 정도 채운다.

3. 바스푼으로 얼음을 위아래 2번 저어준다.

4. 슬라이스 라임이나 레몬으로 장식하여 완성한다.

참고

• 타바스코소스나 진저에일 대신 진저비어를 사용하기도 한다.

블러디 메리
Bloody Mary

표준 레시피

조주법	Build	
글라스	Highball Glass	
가니시	A Slice of Lemon or Celery	
재료	보드카(Vodka)	1 · 1/2 oz
	우스터소스(Worcestershire Sauce)	1 tsp
	타바스코소스(Tabasco Sauce)	1 dash
	소금(Salt) · 후추(Pepper)	각 1/4 tsp
	토마토주스(Tomato Juice)	Fill

유래

영국의 여왕 메리 1세는 카톨릭의 부흥을 위해 신교도들을 박해하여 '피의 메리'라 불리었다. 주스의 색이 피를 연상시키는 데에서 이름이 유래된 칵테일이다.

유의사항

1. 우스터소스, 타바스코소스, 소금, 후추를 넣고 믹싱한 다음, 얼음을 넣고 보드카, 토마토주스를 80 % 정도 넣는다.
2. 레몬만 있으면 슬라이스 레몬을 글라스의 림에 꽂아 장식한다.
3. 셀러리가 있으면 레몬 슬라이스와 셀러리를 함께 장식해도 좋다.

참고

• 핀치는 엄지와 검지손가락 끝부분으로 잡을 수 있는 적은 양으로, 시험장에서는 바스푼으로 1/10 tsp 정도이다.

만드는 법

1. 하이볼 글라스에 분량의 타바스코소스와 소금을 넣는다.

2. 분량의 우스터소스와 보드카를 넣고 후추를 1번 살짝 뿌린 다음 바스푼으로 저어서 소스를 녹인다.

3. 하이볼 글라스에 얼음을 가득 넣고 토마토주스를 80 % 정도 채운다.

4. 슬라이스 레몬 또는 셀러리로 장식하여 완성한다.

시브리즈
Seabreeze

표준 레시피

조주법 Biuld
글라스 Highball Glass
가니시 A Wedge of Lime or Lemon
재료 **보드카**(Vodka) ·· 1 · 1/2 oz
　　　 크랜베리주스(Cranberry Juice) ································· 3 oz
　　　 자몽주스(Grapefruit Juice) ······································· 1/2 oz

유래

시브리즈는 산들산들 불어오는 해풍이라는 뜻으로, 영화 '프렌치 키스'에서 여주인공 멕 라이언이 프랑스 해변을 거닐며 마신 칵테일로 유명하다.

유의 사항

1. 하이볼 글라스에 비해 용량이 많은 칵테일이므로 넘치지 않도록 얼음의 양을 잘 조절한다.
2. 웨지 라임이나 레몬으로 장식한다.

참고

• 시브리즈의 처음 레시피는 보드카가 아닌 진이 베이스였다.

만드는 법

1. 하이볼 글라스에 얼음을 넣어 차갑게 한 다음 분량의 보드카를 넣는다.

2. 분량의 크랜베리주스, 자몽주스를 넣고 바스푼으로 저어준다.

3. 레몬을 조각내어 껍질의 1/2까지 자른다.

4. 웨지 레몬을 글라스에 장식하거나 담가서 완성한다.

롱 아일랜드 아이스티
Long Island Iced Tea

조주법	Build
글라스	Collins Glass
가니시	A Wedge of Lime or Lemon

재료		
보드카(Vodka)	⋯⋯⋯⋯⋯⋯⋯⋯⋯⋯⋯⋯	1/2 oz
테킬라(Tequila) · **진**(Gin) · **럼**(Light Rum)	⋯⋯⋯⋯⋯	각 1/2 oz
트리플 섹(Triple Sec)	⋯⋯⋯⋯⋯⋯⋯⋯⋯⋯	1/2 oz
스위트 앤 사워 믹스(Sweet & Sour Mix)	⋯⋯⋯⋯	1 · 1/2 oz
콜라(Cola)		

유래

미국의 금주법 시행기간 동안 뉴욕의 바텐더들이 아이스티와 같이 보이도록 하기 위해 술에 콜라를 섞어서 내는 것에서 유래되었다.

유의사항

1. 베이스가 4개나 되므로 순서를 바꾸어도 감점의 대상은 아니지만 베이스 다음의 재료는 반드시 순서대로 만들어야 한다.
2. 처음부터 글라스에 재료를 바로 넣는다.
3. 반드시 웨지 라임이나 레몬으로 장식한다.

참고

- 콜라는 계량하지 않고 바로 80 % 정도 채운다.
- 홍차와 같은 색을 연출하기 위해 콜라를 섞어준다.

만드는 법

1. 콜린스 글라스에 얼음을 넣어 차갑게 한다.

2. 분량의 보드카, 테킬라, 진, 럼, 트리플 섹, 스위트 앤 사워 믹스를 순서대로 넣는다.

3. 콜라를 글라스의 80 % 정도 채운 다음 바스푼으로 저어준다.

4. 웨지 라임이나 레몬으로 장식하여 완성한다.

하비 월뱅어
Harvey Wallbanger

조주법 Build & Float
글라스 Collins Glass
가니시 No
재료   **보드카**(Vodka) ··· 1 · 1/2 oz
       오렌지주스(Orange Juice) ································· Fill
       갈리아노(Galliano) ··· 1/2 oz

유래

미국의 파도타기 챔피언인 하비가 경기에 진 다음, 바에서 이것저것 섞어 마신 술에 취해 돌아다닌 일화가 있는 칵테일이다. 레이디 킬러 칵테일이라고도 한다.

유의 사항

1. 갈리아노는 향과 맛을 위해 살며시 부어준다.
2. 갈리아노를 띄운 후 젓지 않고 그대로 제공한다.
3. 장식을 하지 않는다.

참고

• 스크루 드라이버 칵테일 위에 갈리아노만 살짝 띄운 것이 하비 월뱅어이다.

만드는 법

1. 콜린스 글라스에 **얼음**을 넣어 차갑게 한다.

2. 분량의 **보드카**를 넣고 **오렌지주스**를 글라스의 80 % 채운 다음 바스푼으로 저어준다.

3. 분량의 **갈리아노**를 살짝 띄운다.

4. 완성한다.

애플 마티니
Apple Martini

애플 마티니

조주법	Shake
글라스	Cocktail Glass
가니시	A Slice of Apple
재료	보드카(Vodka) ·· 1 oz
	애플 퍼커(Apple Pucker) ····················· 1 oz
	라임주스(Lime Juice) ························· 1/2 oz

유래

코스모폴리탄과 같이 전세계인의 사랑을 받은 미국의 인기드라마 '섹스 앤 더 시티'에 자주 등장하여 더욱 유명해진 칵테일이다.

유의 사항

1. 강하게 흔드는 것보다 부드럽게 흔들어 만드는 것이 상큼한 맛을 더 느낄 수 있다.
2. 술병을 잡을 때에는 라벨이 보이도록 잡는다.

참고

• 마티니와 같이 진을 베이스로 하지 않고 보드카를 베이스로 한다.

만드는 법

1. 칵테일 글라스에 얼음을 넣어 차갑게 한다.

2. 셰이커에 얼음을 80 % 정도 넣고 분량의 보드카, 애플 퍼커, 라임주스를 넣는다.

3. 셰이커의 스트레이너와 캡을 닫고 10~15회 흔들어준다.

4. 글라스의 얼음을 버리고 셰이커의 얼음이 나오지 않도록 따른다. 슬라이스 애플을 글라스에 장식하거나 담가서 완성한다.

키스 오브 파이어
Kiss of Fire

키스 오브 파이어

조주법	Shake	
글라스	Cocktail Glass	
가니시	Rimming with Sugar	
재료	보드카(Vodka)	1 oz
	슬로 진(Sloe Gin)	1/2 oz
	드라이 베르무트(Dry Vermouth)	1/2 oz
	레몬주스(Lemon Juice)	1 tsp

유래

키스 오브 파이어는 불의 키스라는 뜻으로, 일본의 어느 바텐더가 바텐더 경연대회에서 1위를 차지한 칵테일이다.

유의 사항

1. 칵테일 글라스의 림에 레몬즙과 설탕으로 트립(Trip)하여 준비한다.
2. 레몬즙을 많이 바르면 지저분해 보일 수 있으므로 주의한다.
3. 셰이킹한 내용물에 설탕이 흘러 내리지 않도록 글라스에 잘 따른다.

참고

• 글라스에 레몬즙을 바른 다음 글라스를 거꾸로 하여 설탕을 묻힌다(Trip).

만드는 법

1. 칵테일 글라스의 림에 레몬즙을 바른다.

2. 글라스의 림을 돌려가며 설탕을 묻힌다.

3. 셰이커에 얼음을 60 % 넣고 분량의 보드카, 슬로 진, 드라이 베르무트, 레몬주스를 순서대로 넣어 15회 정도 흔들어준다.

4. 셰이커의 캡을 열고 얼음이 나오지 않도록 글라스에 부어서 완성한다.

코스모폴리탄
Cosmopolitan

코스모폴리탄

표준 레시피

조주법	Shake
글라스	Cocktail Glass
가니시	Twist of Lime or Lemon peel

재료		
보드카(Vodka)	····	1 oz
트리플 섹(Triple Sec)	····	1/2 oz
라임주스(Lime Juice)	····	1/2 oz
크랜베리주스(Cranberry Juice)	····	1/2 oz

유래

'세계적인'이라는 이름에 걸맞게 전 세계 여성들에게 사랑받는 칵테일이다. 미국의 인기드라마 '섹스 앤 더 시티'에 자주 등장하여 더욱 유명해진 칵테일이다.

유의 사항

1. 칵테일 글라스를 제공할 때에는 스템을 잡고 제공한다.
2. 크랜베리주스인지 잘 확인하고 넣는다.

참고

• 시트러스 보드카를 사용하여 일반 보드카보다 풍미를 더 풍부하게 만들 수도 있다.

만드는 법

1. 칵테일 글라스에 얼음 2~3개를 넣어 차갑게 한다.

2. 셰이커에 얼음을 60 % 정도 넣고 분량의 보드카, 트리플 섹, 라임주스, 크랜베리주스를 넣는다.

3. 셰이커의 스트레이너와 캡을 닫고 10~15회 흔들어준 다음 얼음이 나오지 않도록 글라스에 따른다.

4. 레몬 껍질을 자르고 꼬아서 글라스에 장식하여 완성한다.

허니문
Honeymoon

표준 레시피

조주법	Shake
글라스	Cocktail Glass
가니시	No

재료

애플 브랜디 (Apple Brandy)	3/4 oz
베네딕틴 (Benedictine DOM)	3/4 oz
트리플 섹 (Triple Sec)	1/4 oz
레몬주스 (Lemon Juice)	1/2 oz

유래

신혼여행 관광지 호텔 바에서 주로 신혼부부에게 축하 칵테일로 제공한 데에서 유래된 것으로, 신혼여행처럼 달콤한 칵테일이다.

유의 사항

1. 얼음이 완전히 부서지지 않도록 부드럽게 셰이킹한다.
2. 애플 브랜디가 주재료이다.
3. 장식을 하지 않는다.

참고

• DOM의 특징이 있는 베네딕틴을 사용한다.

만드는 법

1. 칵테일 글라스에 얼음 2~3개를 넣어 차갑게 한다.

2. 셰이커에 얼음을 60 % 정도 넣고 분량의 애플 브랜디, 베네딕틴, 트리플 섹, 레몬주스를 넣는다.

3. 칵테일 글라스를 차갑게 한 얼음을 버린다.

4. 셰이커를 10~15회 흔들어준 다음 얼음이 나오지 않도록 글라스에 부어서 완성한다.

사이드카
Sidecar

표준 레시피

조주법	Shake
글라스	Cocktail Glass
가니시	No
재료	브랜디(Brandy) ···························· 1 oz
	쿠앵트로 또는 트리플 섹(Cointreau or Triple Sec) ···················· 1 oz
	레몬주스(Lemon Juice) ···························· 1/4 oz

유래

제1차 세계대전 당시 독일군 정찰대 장교가 승전의 기쁨을 즐기기 위해 자신의 사이드카 운전병이 구해온 코냑, 쿠앵트로에 레몬주스를 첨가하여 마신 데에서 유래되었다.

유의사항

1. 쿠앵트로가 없을 때에는 트리플 섹을 이용한다.
2. 글라스의 파손 여부를 항상 체크한다.
3. 장식을 하지 않는다.

참고

- 브랜디가 베이스인 칵테일이다.
- 라이트 럼을 추가하면 비틴 더 시트 칵테일이 된다.

만드는 법

1. 칵테일 글라스에 얼음 2~3개를 넣어 차갑게 한다.

2. 셰이커에 얼음을 60 % 정도 넣고 분량의 브랜디, 쿠앵트로 또는 트리플 섹, 레몬주스를 넣는다.

3. 셰이커의 스트레이너와 캡을 닫고 10~15회 흔들어준다.

4. 셰이커의 얼음이 나오지 않도록 글라스에 부어서 완성한다.

브랜디 알렉산더
Brandy Alexander

조주법	Shake
글라스	Cocktail Glass
가니시	Nutmeg Powder

재료
브랜디(Brandy) ···················· 3/4 oz
카카오 브라운(Crème De Cacao Brown) ···················· 3/4 oz
우유(Light Milk) ···················· 3/4 oz

유래

영국의 왕 에드워드 7세가 왕비인 알렉산드라와의 결혼을 기념하기 위해 만든 칵테일로, 지금은 알렉산더라 불리고 있다. 식후 칵테일로 매우 좋다.

유의 사항

1. 4 oz 칵테일 글라스가 나오면 용량을 각각 1 oz씩 사용한다.
2. 3 oz 칵테일 글라스가 나오면 용량을 각각 3/4 oz씩 사용한다.
3. 크림이나 계란이 들어간 경우 비린내 제거를 위해 넛맥가루를 사용한다.

참고

• 유제품이 들어간 칵테일은 10번 이상 잘 흔들어주어야 부드러운 거품이 생겨 보기에 좋고 입에 닿는 느낌도 좋다.

만드는법

1. 칵테일 글라스에 얼음을 넣어 차갑게 한다.

2. 셰이커에 얼음을 60 % 정도 넣고 분량의 브랜디, 카카오 브라운, 우유를 넣는다.

3. 부드럽고 빠르게 10~15회 흔들어준다. 글라스의 얼음을 버린 다음 셰이커의 얼음이 나오지 않도록 따른다.

4. 넛맥가루를 뿌려서 완성한다.

푸스 카페
Pousse Cafe

푸스 카페
Pousse Cafe

조주법	Float
글라스	Stemed Ligueur Glass
가니시	No
재료	**그레나딘 시럽**(Grenadine Syrup) ···················· 1/3 part
	민트 그린(Crème de Menthe(Green)) ············ 1/3 part
	브랜디(Brandy) ··· 1/3 part

유래

프랑스 푸스 카페의 어느 바텐더가 만든 칵테일이다. 비중이 무거운 시럽이 아래로, 가벼운 시럽이 위로 뜨는 밀도의 차를 이용한 기법이다.

유의 사항

1. 글라스와 바스푼의 물기를 제거하고 사용한다.
2. 바스푼을 글라스의 안쪽에 뒤집어 댄 다음 글라스의 1/3씩 순서대로 조금씩 흘려 내린다.
3. 다른 술을 계량할 때에는 지거에 묻은 술을 제거한 후 사용한다.
4. 장식을 하지 않는다.
5. 흔들리지 않도록 한다.

참고

• 바스푼을 사용하여 재료를 떨어뜨리면 층을 선명히 분리할 수 있다.
• 각 part의 비율을 일정하게 맞추어 조절하는 것이 기술이다.

만드는 법

1. 리큐어 글라스를 준비한다.

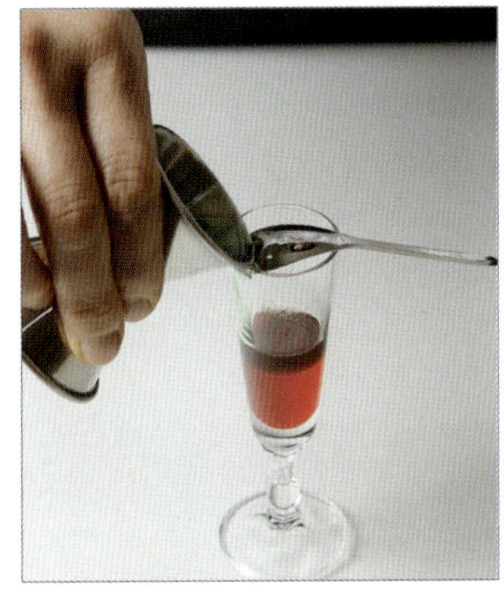

2. 바스푼을 글라스의 안쪽에 뒤집어 댄 다음 분량의 그레나딘 시럽을 천천히 따른다.

3. 바스푼을 뒤집어 분량의 민트 그린, 브랜디를 조심히 따르면서 띄운다.

4. 서로 섞이지 않게 조심히 따르면서 완성한다.

애프리코트
Apricot

조주법	Shake
글라스	Cocktail Glass
가니시	No
재료	**애프리코트 브랜디**(Apricot Flavored Brandy) ········· 1 · 1/2 oz
	드라이진(Dry Gin) ········· 1 tsp
	레몬주스(Lemon Juice) ········· 1/2 oz
	오렌지주스(Orange Juice) ········· 1/2 oz

유래

애프리코트 브랜디를 메인으로 사용한 칵테일로, 달고 도수가 낮은 편이며 레몬주스와 오렌지주스를 첨가하여 살구향과 맛을 더욱 풍부하게 만든 칵테일이다.

유의 사항

1. 애프리코트 브랜디가 주재료이다.
2. 진은 향을 내는 용도로 소량만 사용한다.
3. 장식을 하지 않는다.
4. 진을 먼저 넣으면 감점을 받을 수 있다.

참고

• 애프리코트 브랜디는 향이 좋아 주로 스트레이트로 음용한다.

만드는 법

1. 칵테일 글라스를 차갑게 한다. 셰이커에 얼음을 60 % 정도 넣고 분량의 애프리코트 브랜디, 드라이진, 레몬주스, 오렌지주스를 넣는다.

2. 셰이커의 스트레이너와 캡을 닫은 다음 10~15회 흔들어준다.

3. 셰이커의 얼음이 나오지 않도록 글라스에 따른다.

4. 완성한다.

슬로 진 피즈
Sloe Gin Fizz

조주법 Shake & Build
글라스 Highball Glass
가니시 A Slice of Lemon
재료 **슬로 진**(Sloe Gin) ···································· 1 · 1/2 oz
　　　레몬주스(Lemon Juice) ······························ 1/2 oz
　　　설탕(Powdered Sugar) ···························· 1 tsp
　　　클럽 소다(Club Soda) ······························ Fill

유래

영국의 가정에서 진에 슬로(Sloe, 야생 자두)를 담가 먹던 것에서 유래된 리큐어로, 여성을 위해 만든 칵테일이다. 피즈(Pizz)란 캔을 딸 때의 '치익' 소리를 의미한다.

유의 사항

1. 설탕이 들어가므로 15~20번 정도 강하게 흔들어준다.
2. 슬라이스 레몬으로 장식한다.

참고

• 카카오 피즈(Cacao Fizz)와 함께 여성들이 마시기 좋은 칵테일이다.

만드는 법

1. 하이볼 글라스에 **얼음**을 넣어 차갑게 한다.

2. 셰이크에 얼음을 60 % 정도 넣고 분량의 **슬로 진**, **레몬주스**, **설탕**을 넣어 10~15회 흔들어준다.

3. 얼음이 나오지 않도록 글라스에 따른 다음 **클럽 소다**를 80 % 정도 채우고 바스푼으로 저어 준다.

4. 슬라이스 **레몬**을 장식하여 완성한다.

준 벅
June Bug

조주법 Shake
글라스 Colins Glass
가니시 A Wedge of fresh Pineapple & Cherry
재료 **미도리**(Midori(Melon Liqueur) ·································· 1 oz
　　　말리부럼(Coconut Flavored Rum) ··················· 1/2 oz
　　　바나나 리큐어(Banana Liqueur) ····················· 1/2 oz
　　　파인애플주스(Pineapple Juice) ·························· 2 oz
　　　스위트 앤 사워 믹스(Sweet & Sour Mix) ············· 2 oz

만드는 법

유래

준 벅은 6월의 애벌레란 뜻으로, 초록의 싱그러운 색깔이 여름벌레를 연상시킨다. 초록의 상쾌한 색감, 미도리의 싱그러운 빛깔, 달콤한 맛의 조화로 인기 있는 칵테일이다.

유의사항

1. 재료가 많이 들어가므로 넘치지 않도록 얼음의 양을 잘 조절한다.
2. 웨지 파인애플과 체리로 장식한다.

1. 콜린스 글라스에 얼음을 넣어 차갑게 한다. 셰이커에 얼음을 60% 정도 넣고 분량의 미도리, 말리부럼을 넣는다.

2. 바나나 리큐어, 파인애플주스, 사워 믹스를 넣는다.

참고

• 만드는 법은 다양하나 재료와 물의 비율을 1 : 3으로 하여 맛을 확인한 다음 입맛에 맞게 조절한다.

3. 셰이크의 스트레이너와 캡을 닫고 10~15회 흔들어준 다음 얼음이 나오지 않도록 글라스에 따른다.

4. 칵테일 픽으로 웨지 파인애플과 레드 체리를 글라스에 장식하거나 담가서 완성한다.

그래스호퍼
Grasshopper

표준 레시피

조주법 Shake
글라스 Champagne Glass(Saucer형)
가니시 No
재료 **민트 그린**(Crème de Menthe(Green)) ·· 1 oz
　　　카카오 화이트(Crème de Cacao(White)) ································· 1 oz
　　　우유(Light Milk) ··· 1 oz

유래

그래스호퍼는 메뚜기 또는 여치라
는 뜻으로, 완성된 색이 연한 초록
색을 띠기 때문에 그 색으로부터 유
래되었다. 민트향이 나고 달콤하여
디저트 대용으로 좋은 칵테일이다.

유의 사항

1. 조금 더 부드럽거나 단맛을 원
   한다면 우유에 설탕을 첨가하여
   강하게 셰이킹을 한 다음 거품을
   위에 띄운다.
2. 우유가 들어가므로 좀 더 강하게
   흔들어준다.
3. 장식을 하지 않는다.

참고

• 민트 리큐어 대신 갈리아노를 넣
  으면 골든 캐딜락 칵테일이 된다.
• 민트 그린을 늘리거나 브랜디를 가
  미하면 남성들의 식후주로 좋다.

만드는 법

1. 소서형 샴페인 글라스를 차갑게
   한다. 셰이커에 얼음을 60 % 넣고
   분량의 **민트 그린**, **카카오 화이트**
   를 넣는다.

2. 셰이커에 분량의 **우유**를 넣는다.

3. 셰이커의 스트레이너와 캡을 닫고
   10~15회 흔들어준다.

4. 글라스의 얼음을 버리고 셰이커
   의 얼음이 나오지 않도록 글라스
   에 부어서 완성한다.

B-52

표준 레시피

조주법	Float
글라스	Sherry Glass(2 oz)
가니시	No

재료
- **커피 리큐어**(Coffee Liqueur(Kahlua)) ·············· 1/3 part
- **베일리스 아이리시 크림**(Bailey's Irish Cream Liqueur) ·············· 1/3 part
- **그랑 마르니에**(Grand Marnier) ·············· 1/3 part

유래

미국이 베트남 전쟁에서 사용하던 폭격기 'B-52 Strato Fortress'에서 이름을 따온 칵테일이다. 부드럽고 달콤한 맛에 빠져 계속 들이키다 보면 정신을 차릴 수 없을 정도로 취하게 된다.

유의 사항

1. 플로트 기법의 칵테일은 글라스를 차갑게 하지 않는다.
2. 층을 쌓는 데 시간이 걸리므로 이를 의식하며 만든다.
3. 장식을 하지 않는다.

참고

• 셰리 글라스는 위로 갈수록 넓어지므로 계량을 조금씩 늘려가며 만든다.

만드는 법

1. 셰리 글라스를 준비한다.

2. 분량의 **커피 리큐어(칼루아)**를 셰리 글라스에 따른다.

3. 바스푼을 뒤집어 분량의 **베일리스 아이리시 크림**을 조심히 따르면서 띄운다.

4. 바스푼을 뒤집어 분량의 **그랑 마르니에**를 조심히 따르면서 띄워 완성한다.

고창
Gochang

조주법	Stir
글라스	Flute Champagne Glass
가니시	No
재료	**선운산 복분자주**(Sunwoonsan bokbunja wine) ·········· 2 oz
	쿠앵트로 또는 트리플 섹(Cointreau or Triple Sec) ·········· 1/2 oz
	스프라이트(Sprite) ·········· 2 oz

유래

복분자 딸기를 발효하여 만든 과실주로, '우리 식품 세계화 특별품평회'에서 대상을 받았다. 2000년 서울에서 개최된 아시아 유럽 정상회의(ASEM) 당시 위스키 대신 공식 연회주로 선정되어 우리나라 대표 전통주로 알려지게 되었다.

유의사항

1. 시험 장소에서는 반드시 샴페인 글라스를 사용한다.
2. 쿠앵트로 대신 트리플 섹을 넣어도 좋다.
3. 스프라이트 대신 사이다를 넣어도 좋다.

참고

• 2014년에 새롭게 추가된 우리 술 베이스 칵테일이다.

만드는 법

1. 선운산 복분자주를 준비한다.

2. 플루트형 샴페인 글라스에 얼음 2~3개를 넣어 차갑게 한다.

3. 믹싱 글라스에 얼음을 60 % 정도 넣고 분량의 선운산 복분자주, 쿠앵트로 또는 트리플 섹을 넣은 다음 바스푼으로 저어준다.

4. 믹싱 글라스에 스트레이너를 씌워 얼음이 나오지 않도록 따르고, 분량의 스프라이트를 넣은 다음 바스푼으로 저어서 완성한다.

금산
Geumsan

조주법	Shake
글라스	Cocktail Glass
가니시	No

재료
- **금산 인삼주**(Geumsan Insamju(43도)) ······ 1 · 1/2 oz
- **커피 리큐어**(Coffee Liqueur(Kahlua)) ······ 1/2 oz
- **애플 퍼커**(Apple Pucker) ······ 1/2 oz
- **라임주스**(Lime Juice) ······ 1 tsp

만드는 법

유래

육질이 단단하고 사포닌(Saponin)의 함량과 성분이 우수하여 최고의 인삼 생산지로 유명한 충남 금산의 전통주이다. 바쁘고 지친 현대인들에게 좋은 칵테일이다.

유의 사항

1. 라임주스는 셰이커에 바스푼을 올리고 부어야 흘리지 않고 담기 좋다.

참고

• 2014년에 새롭게 추가된 우리 술 베이스 칵테일이다.

1. 칵테일 글라스에 얼음 2~3개를 넣어 차갑게 한다.

2. 셰이커에 얼음을 60 % 정도 넣고 분량의 **금산 인삼주, 커피 리큐어, 애플 퍼커, 라임주스**를 넣는다.

3. 셰이커의 스트레이너와 캡을 닫고 10~15회 흔들어준다.

4. 셰이커의 얼음이 나오지 않도록 글라스에 부어서 완성한다.

진도
Jindo

조주법 Shake
글라스 Cocktail Glass
가니시 No
재료 **진도 홍주**(Jindo Hong Ju(40도)) ···························· 1 oz
　　 민트 화이트(Crème de Menthe(White)) ················· 1/2 oz
　　 청포도주스(White Grape Juice) ·························· 3/4 oz
　　 라즈베리 시럽(Raspberry Syrup) ······················ 1/2 oz

 **유래**

전라도 진도에서 지초(삼지구엽초)의 뿌리를 넣고 빚은 칵테일로, 지초주라고도 한다. 지초는 체기를 내려주는 등 다양한 약효가 있어 널리 사용되는 약재이다.

유의 사항

1. 진도 홍주는 40도인 것을 사용한다.
2. 장식을 하지 않는다.

만드는 법

1. 칵테일 글라스에 얼음 2~3개를 넣어 차갑게 한다.

2. 셰이커에 얼음을 60 % 정도 넣고 분량의 **진도 홍주, 민트 화이트**를 넣는다.

3. 분량의 **청포도주스, 라즈베리 시럽**을 넣은 다음 스트레이너와 캡을 닫고 10~15회 흔들어준다.

4. 셰이커의 얼음이 나오지 않도록 글라스에 부어서 완성한다.

참고

- 2014년에 새롭게 추가된 우리 술 베이스 칵테일이다.
- 지초 뿌리에서 우러나온 빛깔 때문에 진도 홍주라 한다.

풋사랑
Puppy Love

풋사랑

조주법 Shake
글라스 Cocktail Glass
가니시 A Slice of Apple
재료 **안동 소주**(Andong Soju(35도)) ··· 1 oz
  트리플 섹(Triple Sec) ·· 1/3 oz
  애플 퍼커(Apple Pucker) ·· 1 oz
  라임주스(Lime Juice) ··· 1/3 oz

유래

안동의 명문가에서 접대용으로 애용하면서 궁중에 진상하기도 한 칵테일이다. 풋풋하고 아련한 첫사랑의 감정을 떠올리게 만든다고 해서 붙여진 이름이다.

유의 사항

1. 안동 소주는 35도인 것을 사용한다.
2. 슬라이스 애플로 장식한다.

만드는 법

1. 칵테일 글라스에 얼음 2~3개를 넣어 차갑게 한다.

2. 셰이커에 얼음을 60 % 정도 넣고 분량의 **안동 소주**를 넣는다.

참고

• 2014년에 새롭게 추가된 우리 술 베이스 칵테일이다.
• 사과를 넣으면 쓴맛이 나기 때문에 라임주스를 넣는다.

3. 분량의 **트리플 섹**, **애플 퍼커**, **라임주스**를 넣고 흔들어준다. 얼음이 나오지 않도록 글라스에 따른다.

4. 슬라이스 **애플**을 글라스에 장식하거나 담가서 완성한다.

힐링
Healing

표준 레시피

조주법	Shake
글라스	Cocktail Glass
가니시	Twist of Lemon peel

재료

감홍로(Gam Hong Ro(40도))	1 · 1/2 oz
베네딕틴(Benedictine)	1/3 oz
카시스(Crème de Cassis)	1/3 oz
스위트 앤 사워 믹스(Sweet & Sour mix)	1 oz

 유래

몸에 좋은 한약재를 소주에 침출, 숙성시켜 만든 감홍로에 달콤하고 향긋한 베네딕틴을 사용하여 만든 칵테일이다. 한 잔의 힐링으로 지친 마음을 치유해보자는 의미가 담겨 있다.

유의 사항

1. 칵테일 글라스에 레몬 껍질을 장식한다.

참고

- 2014년에 새롭게 추가된 우리 술 베이스 칵테일이다.
- 감홍로는 매우 달고 독하며 연지빛 고운 빛깔을 가지고 있다.

만드는 법

1. 칵테일 글라스에 얼음 2~3개를 넣어 차갑게 한다.

2. 셰이커에 얼음을 60 % 정도 넣고 분량의 감홍로를 넣는다.

3. 분량의 베네딕틴, 카시스, 스위트 앤 사워 믹스를 넣은 다음 스트레이너와 캡을 닫고 흔들어준다.

4. 얼음이 나오지 않도록 글라스에 따른 다음 레몬 껍질을 자르고 꼬아서 글라스에 담가서 완성한다.

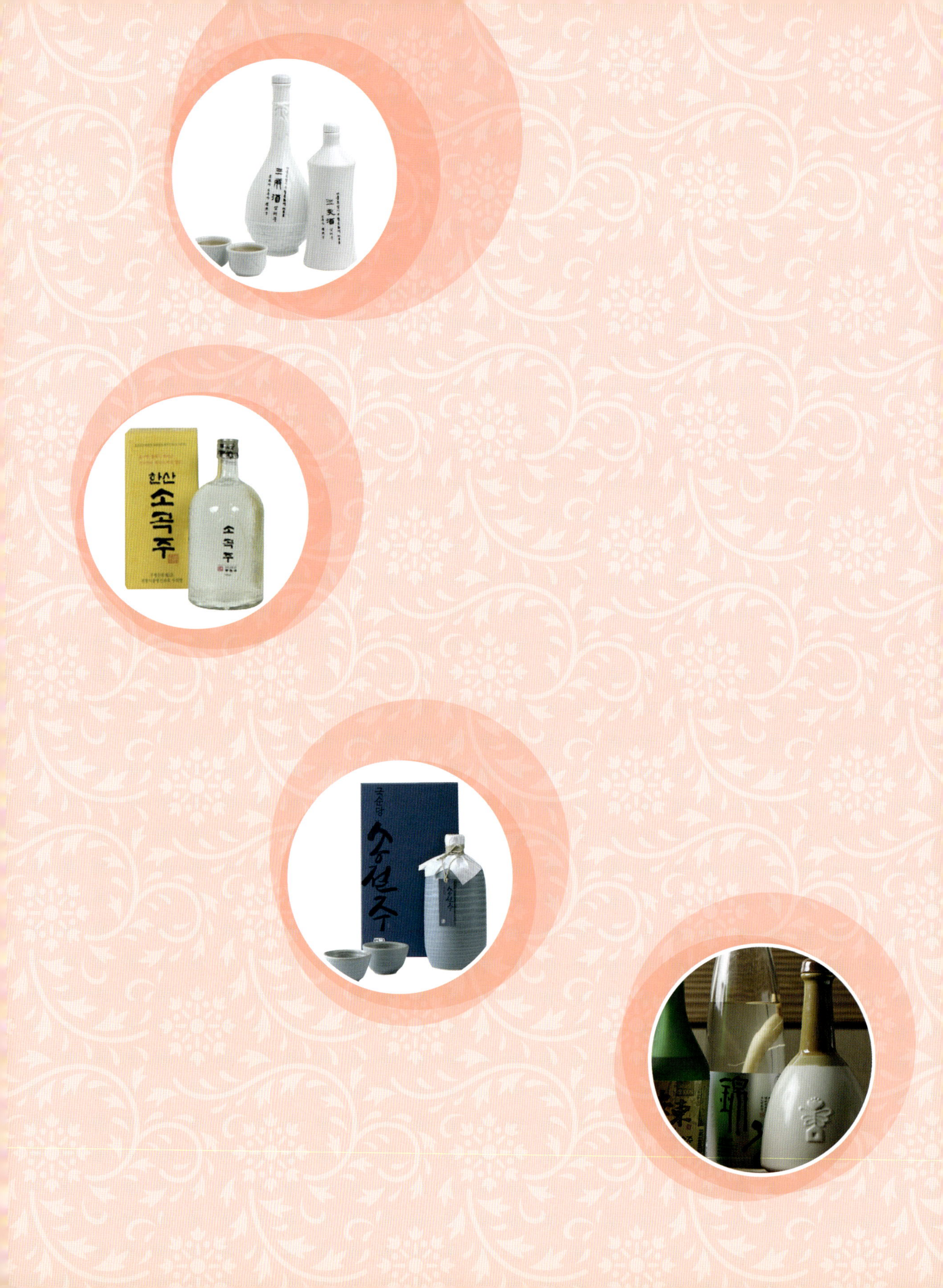

우리 전통주

금정 산성토산주

산성토산주(산성막걸리)는 조선 초기 화전민들이 생계수단으로 누룩을 빚기 시작한 데에서 유래되었다. 숙종 32년 금정산성을 축성할 당시 외지인들이 늘어나면서 알려지게 되었다.

한때 누룩의 제조금지로 인해 밀주로 단속받기도 했으나 주민들이 그 명맥을 유지해오던 중 지역 특산물로 양성화되었으며, 1980년에 전통민속주 제도가 생기면서 민속주 제1호로 지정되었다.

만드는 법

1. 맑은 물에 밀을 씻고 부셔서 밟는다.
2. 누룩 틀에 넣어서 동그랗게 형태를 만든 다음 누룩 띄우는 장소인 누룩 집에 넣어서 실내온도 48~50° 정도가 되도록 하여 띄운다.
3. 누룩에 곰팡이가 피면 공기창을 열고 누룩이 마른 다음 곰팡이를 제거한다. 밀을 부셔서 곰팡이를 띄우는 기간은 15일 정도가 소요된다.
4. 쌀로 고두밥을 만들어 식히고, 가루로 부셔서 띄운 누룩과 버무려 물과 섞은 다음 발효탱크에 저장한다. 이때 쌀 140 kg에 누룩 80 kg, 물 180 L 정도의 비율로 한다.
5. 고두밥은 덩어리 없이 누룩과 버무려 누른 다음 20° 이상의 온도에서 저장한다.
6. 하루 정도 지나면 술이 되는데 완숙된 술을 거르려면 일주일 정도 걸린다.
7. 일주일 후 제성기로 술을 거른다.

재료

멥쌀 140 kg, **누룩** 80 kg

참고

▶ 술이지만 와인처럼 적당히 마시면 건강에 좋다.
▶ 요구르트보다 몇 배 많은 유산균 덕분에 소화와 피부미용에 좋은 것으로 알려져 있다.

제천 옥미주

옥미주는 100여년 동안 충북 제천, 단양 지방의 관혼상제나 큰 행사에 사용되던 문씨종중주(文氏宗中酒)로 전해 내려온 술이며, 동동주로 서민의 술이다.

문씨 가문의 맏며느리가 시어머니로부터 제조법을 전수받아 알코올 도수 11도로 발효시켜 관광 민속주로 지정을 받고 제조하여 전해 오다가 지금은 경기도 안양유원지에서 관광 민속주로 시판되고 있다.

만드는 법

1. 현미 3 kg을 물로 깨끗이 씻은 다음 12시간 담가 두었다가 건져서 물기를 뺀 후 거칠게 빻아 놓고, 누룩(곡자) 1 kg을 콩알만 하게 빻아서 같이 섞어준다.
2. 물 4 L에 효모 20 g을 희석하여 깨끗한 도기에 붓고 혼합한 것을 넣어 잘 젓는다. 이때 반드시 나무로 만든 지팡이나 주걱을 사용하여 저어준다.
3. 이러한 공정을 거친 후 1차 당화가 진행된다. 이때 온도를 25~30°로 유지시키는 것이 중요하다.
4. 고구마와 엿기름을 첨가하여 숙성시킨 주맥을 넣어서 짜면 알코올 도수 11도의 옥미주가 된다.

재료

현미 3 kg, 누룩 1 kg,
효모 20 g, 물 4 L,
옥수수 · 고구마 · 엿기름가루 정량

▶ 담황색 빛깔에 그윽한 향과 독특한 맛을 지니며 피부미용과 동맥경화의 예방에 좋다.

▶ 취기가 은근히 올라 서서히 깊게 취하게 하며, 술이 깬 후에도 갈증은 물론 두통과 숙취가 없어 건강에 좋은 약주이다.

한산 소곡주

한산 소곡주는 1500년 전 백제 왕실에서 즐겨 마시던 술로 한국 전통주 가운데 가장 오래된 술로 알려져 있다. 백제가 멸망한 후 백제 유민들이 그 한을 달래기 위해 한산 건지산 주류성에서 소곡주를 빚어 마셨다고 한다.

빛깔이 청주와 같으며 감칠맛이 뛰어나 한번 마시기 시작하면 자리에서 일어나기 힘들다 하여 '앉은뱅이 술'이라는 별명을 가지고 있다.

만드는 법

1. 멥쌀로 무리떡을 쪄서 떡과 누룩가루를 묽게 섞고 아랫목에서 발효시켜 술밑을 만든다.
2. 다시 찹쌀로 술밥을 찌고, 누룩을 밀가루처럼 곱게 쳐서 누룩가루로 준비한다.
3. 시루 가장 아래에 술밥, 그 위에 누룩가루, 그 위에 술밑을 깔아서 마치 시루떡처럼 안친 다음 100일 동안 땅속에 묻어둔다.

재료

찹쌀 30 kg,
밀쌀(거피하지 않은 밀) 4 kg,
엿기름 가루 230 g(2컵),
콩 160 g(1컵), **들국화** 약간,
마른 고추 약간, **생강** 약간,
물 9 L

참고

▶ 들국화의 강한 향균력으로 잡미, 산미, 누룩 냄새가 전혀 없고 부드러운 맛이 나는 주도 높은 최고급 술이다.

▶ 청혈 해독의 약리작용이 있으며, 말초혈관을 확장하고 혈관운동 중추를 억제하는 혈압강화작용이 있어 고혈압 예방에 좋은 것으로 알려져 있다.

서울 송절주

송절주는 「임원경제십육지」, 「규합총서」 등에 기록된 것으로 보아 조선시대 중반 16세기부터 시작된 술로 추정하고 있다. 독특한 솔향기와 소나무가 가지는 상징적인 뜻으로 인해 선비들이 즐겨 마셨다고 한다.

봄에는 진달래, 가을에는 국화, 겨울에는 유자껍질을 매달아 익히면 솔향기와 꽃향기가 입에 가득하여 맛이 좋다.

만드는 법

1. 멥쌀 8 kg을 밤새 침미(쌀 불리기)하고 가루를 내서 시루에 찐 다음 식힌다.
2. 송절(松節), 진득찰, 당귀 등을 삶은 물 12 L 정도와 하룻밤 불려 놓은 누룩을 함께 넣고 상부(上部)에 솔잎을 깔아 발효(醱酵)시킨다.
3. 발효는 상온에서 실시한다.

재료

누룩, 멥쌀, 찹쌀, 송절, 진득찰, 당귀, 솔잎, 진달래(봄), 국화(가을), 유자껍질(겨울)

〈밑술〉
멥쌀 3 kg, **누룩** 2 kg,
송절, 진득찰, 당귀 등을 삶은 물 6~7 L

〈덧술〉
멥쌀 5 kg, **찹쌀** 5 kg, **누룩** 500 g,
송절, 진득찰, 당귀 등을 삶은 물 6 L

참고

▶ 황갈색을 띠고 강한 약재 향기를 풍기며 진득찰, 당귀 등을 첨가하여 치담, 치풍, 신경통 등에 좋은 것으로 알려져 있다.

▶ 땅속에 독을 파묻어 저장하였으나 현재는 저온냉장고를 사용할 수 있으며, 온도가 적당하면 수개월까지도 저장이 가능하다.

강화도 칠선주

칠선주는 단군왕검이 제사를 지내기 위해 만들었다는 술로, 이 술을 마시면 늙거나 병들지 않고 신선이 된다고 하여 칠선주라는 이름이 붙여졌다.

칠선주의 '칠(七)'은 인삼, 구기자, 산수유, 사삼, 당귀, 갈근, 감초의 7가지 약재를 혼합한 것에서, '선(仙)'은 술을 마셔도 몸에 해가 되는 것보다 보양과 장수를 꾀할 수 있다는 것에서 유래되었다.

만드는 법

1. 멥쌀 20 kg으로 고두밥을 지어 충분히 식힌 다음 누룩 4.25 kg과 물 40 L를 섞어 용기에 담고 실온 25℃에서 3~4일간 발효시켜 밑술을 만든다.
2. 다시 찹쌀 30 kg으로 고두밥을 지은 다음 식힌 누룩 3.25 kg과 물 60 L를 부어 덧술을 담아 앉힌다.
3. 멥쌀 50 kg의 고두밥을 지은 다음 식을 동안 인삼을 비롯한 7가지 약재(갈근, 인삼, 당귀, 구기자, 모과, 사삼, 감초) 5.25 L에 50 L의 물을 붓고 15 L로 줄 때까지 푹 달인다.
4. 누룩 5 kg과 달인 약재 15 L, 그리고 양조용수 150 L를 고두밥과 함께 1차로 발효 중인 덧술 술독에 부어 실온 25℃에서 4~5일간 숙성시킨다.

재료

찹쌀 30 kg, **멥쌀** 70 kg,
누룩 12.5 kg,
**갈근, 인삼, 당귀, 구기자, 모과,
사삼, 감초** 정량

참고

▶ 싱겁지도 독하지도 않아 거부감 없이 부드럽게 마실 수 있으며, 그윽한 향기가 입안에 오래 남는다.

▶ 취하도록 마셔도 뒷맛이 개운하며 두통이나 구토에 효과가 탁월하다.

진도 홍주

진도 홍주는 찐 보리쌀에 누룩을 넣어 숙성시킨 다음 지초를 통과하여 붉은빛이 나는 술이다. 성종이 윤비 폐출을 확정하던 날 허종이 출근길에 낙마하여 연산군의 갑자사화를 면했는데, 이는 허종의 부인이 후환에 대비하여 아침상에 홍주를 권해 허종을 만취하게 한 것이라고 전해지고 있다. 이후 허종의 후손이 소줏고리를 가지고 진도로 낙향하여 진도 홍주를 만들었다.

만드는 법

1. **누룩 빚기**   6~7월 고온다습한 시기에 밀과 보리를 섞어 맷돌로 거칠게 빻아서 물을 뿌린 다음 누룩 틀에 넣고 압력을 가하여 덩어리를 만들고 7~10일 정도 띄운 후 잘 빻아서 말리고 후숙시킨다.
2. **술 담금**   보리를 깨끗이 씻어 물에 하룻밤 침지한 다음 30~40분 물기를 빼고 시루에 50~60분 쪄서 술밥을 만든다. 식힌 다음 누룩가루와 잘 섞어서 물과 함께 술독에 넣고 10~15일 발효시킨다.
3. **예열**   숙성된 술덧을 솥에 넣고 품온이 60℃ 정도 되도록 가열한다.
4. **증류**   예열된 솥 위에 소줏고리를 얹고 솥과 소줏고리를 밀봉한 다음 소줏고리 위에 냉수를 붓는다. 소줏고리의 부리 아래에 수기를 넣은 다음 수기 위에 면포를 덮고, 그 위에 지초 뿌리를 30 g 정도 썰어놓은 후 품온을 30~35℃로 조정하면서 소줏고리 부리를 타고 내려오는 유액이 지초층에 닿아 착색이 되게 한다.

재료

보리 16 kg, **누룩가루** 16 kg,
물 63 L, **지초**(자초) **뿌리** 30 g

참고

▶ 지초를 통과한다 하여 지초주라 하고, 그 색이 홍옥과 같이 붉다 하여 홍주라 한다.

▶ 신경통, 위장병, 설사, 변비 등에 효과가 탁월하다.

서울 삼해주 (백일주, 유서주)

삼해주는 고려시대부터 전해 내려온 궁중술로, 조선시대 순조의 딸 복온공주가 안동 김씨 가문에 시집오면서 대대로 전해 내려오게 되었다고 한다. 정월의 첫 해일(돼지날)에 담기 시작하여 해일마다 세 번에 걸쳐 빚는다고 하여 삼해주라 한다.

그 기간이 100여 일 걸린다고 하여 백일주라고도 하고, 날릴 때쯤 먹는다고 하여 유서주라고도 한다.

만드는 법

1. **누룩 빚기(음력 6~7월)** 밀은 낱알이 반으로 부서질 정도로 맷돌에 한 번 갈고 물을 넣어 반죽한다. 잘 마른 밀을 쓸 때에는 밀 16 kg, 물 4.5 L 정도면 된다.

2. **누룩 안치기** **1**의 밀 덩어리를 누룩 빚는 그릇(조고리)에 가득 들어갈 정도의 삼베나 면포에 싸서 발뒤꿈치로 밟는다. 밟는 힘이 덜하면 누룩이 부슬부슬 깨져 버린다. 조고리가 없을 때에는 많이 쓰는 그릇(깊이 10 cm 정도)을 사용해도 좋다.

3. 가운데가 움푹하도록 잘 빚은 누룩은 따뜻한 아랫목에 짚을 푹신하게 깔고 둥글게 놓는다. 그 위에 다시 짚을 올리고 누룩을 둘러 놓으며 층층이 쌓아둔다.

4. 7일이 지나면 짚을 걷어 내고 안쪽에 있던 누룩을 바깥쪽으로, 바깥쪽에 있던 누룩을 안쪽으로 옮긴다.

5. 다시 7일이 지나면 쌓인 누룩더미를 헤쳐서 누룩 하나하나를 짚으로 묶어 천장에 매달아 놓는다.

6. 다시 15일이 지나면 누룩이 완성된다.

7. **첫째 해일** 처음 술을 담는 첫 해일 하루 동안은 물에 불린 멥쌀을 누룩 빚을 때 밀 가르듯이 한 번 가른다.

8. 팔팔 끓인 물에 쌀가루를 적당히 넣어 가며 솥바닥에 눌러 붙지 않도록 잘 저어준다. 밑술 담글 때 가장 중요한 것은 물의 양으로 쌀 4 kg에 물 3.6 L의 비율을 유지하는 것이다. 막걸리와 같은 발효

재료

〈누룩〉
밀 16 kg, 물 4.5 L
〈밑술1〉
멥쌀 4 kg, 물 5.6 L, 누룩 800 g
〈밑술2〉
멥쌀 4 kg, 물 5.6 L, 누룩 300 g
〈덧술〉
찹쌀 2 kg, 물 18 L

주는 밥을 쪄서 빚지만 삼해주는 죽과 같은 밑술을 넣어 담근다.

9. 밑술이 다 만들어지면 넓은 그릇에 옮겨 담고 차갑게 식힌다. 이 때 밑술이 완전히 식지 않으면 술이 쉽게 쉬므로 주의한다.

10. 잘 식힌 밑술을 누룩과 함께 고루 버무린다. 쌀과 누룩의 비율이 5 : 1이 되도록 누룩 800 g을 섞는다. 이때 팔팔 끓였다가 차갑게 식힌 물을 2 L 정도 부어 가며 섞어준다.

11. 누룩이 잘 섞여 갈색빛이 고루 들면 깨끗이 씻은 술독에 차근차근 안친다. 서늘하고 그늘진 곳에 술독을 놓고 다음 해일까지 12일 간 기다린다.

12. **둘째 해일** 첫째 해일과 같은 양의 밑술을 만들고 첫째 해일에 담 갔던 밑술과 함께 잘 버무린다.

13. 고루 섞은 밑술을 새 독에 담는다. 이때 술독을 바꾸지 않으면 술 이 쉬므로 주의한다.

14. **셋째 해일** 셋째 해일 마지막에 갈무리를 한다. 이때 멥쌀이 아닌 찹쌀을 쓴다. 찹쌀 24 kg을 물에 담갔다가 고두밥을 짓는다. 밥을 찔 때에는 손가락으로 밥알을 떠서 뭉개 보고, 떡처럼 밥알이 서 로 엉기지 않도록 한다.

15. 밥을 퍼서 깨끗한 곳에 고루 펴서 식힌다. 물 18 L를 끓여서 식 혀 둔다.

16. **15**의 밥과 누룩 800 g을 섞고 술독에 들었던 밑술과 함께 다시 새 술독에 옮겨 담는다. 이때 끓여서 식힌 물 17.5 L 정도를 붓는다.

17. 술 담금이 끝나면 술독을 짚으로 도톰하게 싸서 땅에 파묻는다.

18. 독이 전혀 보이지 않도록 흙으로 덮어 76일 동안 땅에 묻어둔다.

19. **마시기** 첫째 해일 이후 백일이 지나면 땅을 파고 술독을 꺼내 용 수로 걸러 마신다.

▶ 해일(돼지날) : 지지(地支)가 해(亥)로 된 날

▶ 여러 번 저온 숙성을 거치므로 맛과 향이 깊고 빛깔이 투명하며, 뒷맛이 깔 끔하여 숙취가 없다.

▶ 적당량 장복하면 소화불량과 속병 개선에 도움이 된다고 알려져 있다.

진주 신선주

신선주는 신선들이 마시는 전설적인 술이며 특히 약재가 많이 들어가는 술이다. 약재가 7가지 들어가면 칠선주, 8가지 들어가면 팔선주라 하며, 10가지 이상 들어가면 신선주라 한다.

신선들이 하늘에서 산으로 내려와 머물거나 깊은 산중에 머문다는 점 때문에 산중의 약재와 연계된 것으로 보인다.

만드는 법

1. 쌀 1.6 kg을 씻어 2시간 정도 불린 다음 건져내고 1시간 정도 물을 뺀 후 고두밥을 짓는다.
2. 고두밥과 누룩 4 · 1/2컵, 물 1.8 L를 버무려 항아리에 넣고 한지로 뚜껑을 만들어 덮는다.
3. 2를 실온 23~28℃에서 3~5일간 발효시켜 밑술을 만든다.
4. 쌀 1.6 kg을 씻어 2시간 정도 불린 다음 건져내고 1시간 정도 물을 뺀 후 고두밥을 짓는다.
5. 물 3.2 L에 약재를 넣고 물 1.8 L 정도가 될 때까지 달인다.
6. 5에 약재 달인 물, 누룩 4 · 1/2컵, 물 1.8 L를 넣고 버무려서 덧술을 만든다.
7. 6의 덧술을 밑술에 안친 다음 10~15일간 발효시킨다.
8. 술이 익으면 용수를 박아 술을 떠내고 체에 밭친다.

재료

〈밑술〉
쌀 1.6 kg, **누룩** 4 · 1/2컵, **물** 1.8 L
〈덧술〉
쌀 1.6 kg, **누룩** 4 · 1/2컵, **물** 5.4 L
〈약재〉
구기자 20 g, **당귀** 20 g,
오미자 20 g, **천궁** 20 g,
방품 20 g, **생강** 20 g,
갈근 20 g, **음양곽** 20 g,
파극천(파극) 20 g

참고

▶ 냉장고에 일주일 이상 숙성시킨 후 마시면 더욱 좋다.

합천 황금주

술의 빛깔이 황금처럼 밝은 노란색을 띤다고 하여 황금주라 한다. 황금주에 대한 기록은 「한림별곡(翰林別曲)」, 「삼봉집」, 「고사촬요(攷事撮要)」, 「양주방」, 「요록」, 「규곤시의 방」, 「김승지댁 주방문」 등에 있다.

만드는 법

1. 쌀을 씻지 않은 채 하루 동안 불리고 솔잎을 씻는다.
2. 솥에 채반을 놓고 면 보자기를 편 다음 솔잎과 불린 쌀을 안친다. 3.6 kg 이상일 때에는 솔잎과 쌀을 번갈아가며 앉혀서 고두밥을 지은 다음 식힌다.
3. 얇은 천으로 주머니를 만들어 엿기름과 누룩을 따로 담는다.
4. 술독을 짚으로 그을리고 씻은 다음 가운데에 용수를 넣고 고두밥 주머니와 엿기름 주머니를 넣어서 겨울에는 따뜻한 방 아랫목에, 여름에는 햇볕이 들지 않는 서늘한 곳에 둔다.
5. 술이 익기 시작하면 거품이 끓어 오르면서 용수에 황금색의 술이 고인다.

재료

찹쌀 3 kg, **솔잎** 2 kg,
엿기름 1.2 kg, **누룩** 1.2 kg

참고

▶ 술을 빚을 때 물을 전혀 사용하지 않는다.
▶ 술이 발효되는 동안 술 빚는 사람 이외에는 아무도 발효실에 들어가지 않는 것이 잘 만드는 비결이다.

밀양 교동방문주 (황금주)

교동방문주는 밀양시 교동 밀성 손씨 가문에서 전수되었다 하여 교동방문주라 한다. 찹쌀과 누룩을 섞어 빚은 고급술이며, 집안의 잔치나 귀한 손님께 대접하는 독특한 토속주이다.

색깔이 황색같다 하여 황금주라 하며, 술독을 봉하여 볕이 들지 않는 곳에서 20일 동안 발효시킨다 하여 스무주라고도 한다.

만드는 법

1. 찹쌀 4.5 kg으로 되직하게 죽을 쑤어 누룩가루를 넣고 버무린다.
2. 찹쌀 9.8 kg을 물에 불려 고두밥을 쪄서 식힌다.
3. **1**의 찹쌀과 고두밥을 합하여 큰 항아리에 조금 붓고 용수를 박는다.
4. 용수 위를 덮어서 따뜻한 방에 4~5일 두면 술 냄새가 난다. 여름에는 밖에 둔다.
5. 찹쌀 0.7 kg을 노릇하게 볶아서 물 5.4 L를 붓고 끓여서 식힌다.
6. 식힌 물을 용수 밖으로 돌려가며 부어준다.
7. 2~3일에 한 번 용수 안의 술을 떠서 밖으로 돌려가며 부어주는데, 이때 2~3회 반복하여 부어준다.
8. 일주일 정도 지난 다음 용수 안의 술을 떠내어 체에 밭친다.
9. 용기에 넣어 밀봉한 다음 그늘에서 20일 동안 발효시킨다.

재료

찹쌀 15 kg, **녹두가루** 5.4 kg, **물** 18 L, **누룩가루** 정량

참고

▶ 빛깔이 맑은 황금색으로 점도가 있고 알코올 도수가 높다.

면천 두견주

두견주는 고려의 개국공신 복지겸(卜智謙)이 원인 모를 병에 걸려 면천에서 휴양하고 있을 때 17살인 딸 영랑이 날마다 아미산에 올라가 백일기도를 드리는 중 "아미산에 핀 두견화와 찹쌀로 술을 빚되 반드시 안샘의 물로 빚어 100일이 지난 다음에 마시고, 은행나무를 심어 정성을 드리면 병이 나을 것이다." 라는 신선의 예시를 받고 그대로 하여 병을 고쳤다고 전해진다.

만드는 법

1. 찹쌀 2 kg을 고두밥으로 찐 다음 식혀서 누룩과 섞은 후 밑술을 담근다.
2. 일주일 정도 지난 다음 덧술을 만드는데, 나머지 찹쌀 6 kg을 쪄서 식히고 잘 말린 진달래와 섞는다.
3. 1과 2를 독에 넣고 섞은 다음 실온 18~25℃에서 50일 정도 발효시킨다.
4. 발효가 끝나면 용수를 박고 맑은 술을 떠내어 20~30일간 더 숙성시킨다.

재료

찹쌀 8 kg, **누룩** 2 kg,
두견화 9 kg, **물** 40 L

▶ 술에 진달래를 넣은 가향주로, 약주보다 담황갈색이며 그 향취가 천하일품이다.

▶ 단맛과 점성이 있으며 매운맛이 도는 알코올 도수 19도의 고급술이다.

▶ 혈액순환 개선, 피로회복, 천식에 효과가 있다.

건조시킨 진달래

서울 문배주

문배주는 우리나라 무형문화재로 지정되어 있으며, 문배주를 빚어 고려 태조 왕건에게 진상하였을 때, 왕건이 매우 기뻐하면서 높은 벼슬을 주었다는 이야기가 전해지고 있다. 우리나라는 귀한 손님에게 문배주를 대접하는 전통이 있어 빌 클린턴, 미하일 고르바초프 등이 방한하였을 때에도 대접하였고, 남북정상회담에서 두 정상이 건배하고 마신 술도 문배주일 정도로 한국을 대표하는 술의 하나이다.

만드는 법

1. 밀로 누룩을 만들고 좁쌀을 쪄서 밑술을 만든다.
2. 밀 누룩 20 %, 조 32 %, 수수 48 %의 비율로 배합한다.
3. 먼저 조밥을 하여 누룩과 섞고 물을 1 : 1로 잡아 7~8일 정도 발효시킨다.
4. 소주를 내릴 때에는 이슬로 맺혀진 것이 완전히 냉각된 상태로 흘러내리도록 조심스럽게 해야 한다. 그렇지 않으면 술의 도수가 차이가 있어 맛이 달라진다.
5. 6개월~1년간 숙성시켜 저장을 해야 제 맛이 난다.

재료

누룩, 조, 수수
20 %, 32 %, 48 %의 비율

참고

▶ 문배주는 문배나무의 과실 향기가 가득하여 문배나무의 향취가 입안에 감돌면서 부드럽게 넘어간다.
▶ 문배주의 향기는 만드는 과정에서 곡식을 제외한 어떠한 첨가물도 넣지 않고 깨끗하게 증류한 다음 나오는 자연스러운 것이므로 숙취가 없다.

조주기능사 실기

2017년 8월 20일 인쇄
2017년 8월 25일 발행

저자 : 이영순 · 허세은 · 김경진 · 정은숙 · 김선희
펴낸이 : 이정일

펴낸곳 : 도서출판 **일진사**
www.iljinsa.com
(우)04317 서울시 용산구 효창원로 64길 6
대표전화 : 704-1616, 팩스 : 715-3536
등록번호 : 제1979-000009호(1979.4.2)

값 16,000원

ISBN : 978-89-429-1524-8